解决你的7种人生焦虑

马东

出品

黄执中　周玄毅　邱　晨

马薇薇　胡渐彪

著

北京联合出版公司
Beijing United Publishing Co.,Ltd.

小　学　问

图书在版编目（CIP）数据

小学问：解决你的 7 种人生焦虑 / 黄执中等著．—北京：北京联合出版公司，2018.1
　ISBN 978-7-5596-1328-8

　Ⅰ．①小… Ⅱ．①黄… Ⅲ．①人生哲学－通俗读物 Ⅳ．① B821-49

中国版本图书馆 CIP 数据核字（2017）第 294200 号

小学问：解决你的 7 种人生焦虑
作　　者：黄执中　周玄毅　邱　晨　马薇薇　胡渐彪
责任编辑：龚　将　夏应鹏
产品经理：王若冰

北京联合出版公司出版
（北京市西城区德外大街 83 号楼 9 层　100088）
北京盛通印刷股份有限公司印刷　新华书店经销
字数：230 千字　700mm×980mm　1/16　印张：20
2018 年 1 月第 1 版　　2018 年 1 月第 1 次印刷
ISBN 978-7-5596-1328-8
定价：52.00 元

未经许可，不得以任何方式复制或抄袭本书部分或全部内容
版权所有，侵权必究
如发现图书质量问题，可联系调换。质量投诉电话：010-82069336

序言

和我们一起，跟聪明人闲聊

马 东

我一直有个疑问：为什么我们读完一本书觉得很不错，还会进一步想要去听作者的演讲？为什么我们听完演讲觉得很不错，还会想要跟作者私下吃顿饭，聊聊天？明明是书里的智慧更集中，价钱也便宜，可是我们还要花时间、费力气、赔笑脸，只为争取一个跟作者闲聊的机会，到底图什么？

直到我们做了《小学问》音频，并且把它变成文字的时候，我才意识到其中的奥妙。原来，写书也好，演讲也好，其中最源头、最核心的智慧，反而往往来自闲聊。跟聪明人闲聊，才是最值钱的享受。

闲聊这件事，有三个独特的好处。首先，它直接针对你的问题，不能用大词，不能上高度。我既然当面问到这儿了，你就必须老老实实地讲清楚自己的想法。看书和听课的时候，我们往往会觉得"你讲得也对，但是跟我实际上关心的事情隔着一层"。闲聊中就不会这样，不管你是经济学家还是心理学家，不管你做过多少高头讲章，都不能从理论出发给我上课，只能从实际问题出发，综合利用自己的知识储备发表观点。而这恰恰是"小切口，深挖掘"的学问之道。

其次，闲聊是一个人最放松的状态。讲话不是为了证明自己，而只是为了把事情说透。比如说，如果你找黄执中写本辩论学的教材，他一定憋足了劲儿，追根溯源、构建体系、开宗立派。你觉得很厉害是肯定的，能不能看懂，那就得另说。可是，如果你私下跟执中闲聊的时候问他："我觉得我这人也不笨，可是为什么跟人辩论的时候总是被带到沟里呢？"他就会跟你讲："有些常见的思维陷阱，我们习惯辩论的人很熟悉，但是一般人不能第一时间看出来。如果不把这些陷阱弄明白，读再多书也没用。来，你说说看，上次被人怼是什么情况？我教你两招……"如果你是个明白人，就会知道这时候学到的才是精华。

最后，闲聊没有目的性，反而能让最有趣的话题自动涌现出来。我们在做《小学问》的时候，深度访谈过各个领域的专家。不管对方从事哪个行业，有什么样的资历和背景，我们都在以不同方式问同一个问题："你觉得在你的专业领域里，有哪些知识是最有意思、最值得跟别人分享的？"正是因为这个问题本身是完全开放的，所以我们才得到了各种各样最有教益的答案，很多都是出乎意料的精彩。

而这一点，恰恰是本书最特殊的地方：它不是从某个理论框架、某个学科系统，甚至不是从某个特定的要求出发，而是从"普通人在日常生活中最关注、最常感到焦虑的七件事情"出发。读这本书，就像是跟一个博学多才的老朋友聊天，你说说你最烦心的事，对方说说自己觉得最有用的观点。聊得对路，自然就会增闻广识。

像这样的闲聊，西方人在16世纪给它起了一个"高大上"的名字，叫作"沙龙"。借用德国哲学家哈贝马斯在《公共领域的结构转型》里的说法，沙龙看起来是私人聚会，实际上却是思想史上很多重要观点的源头。直到今天，很多历史悠久的大学，也正在以非正式的学术俱乐部的方式，延续着这种"聪明人聚在一起闲聊"的智慧生产方式。

我们跟很多聪明人聊过，所以有了《小学问》。我们把这些智慧的闪光记载下来，用这本书，跟你聊聊。

目录 Contents

第一章
解决人生焦虑的小学问

看待学问有两种视角：是碎片，还是积木？如果是碎片，那你必须拼凑好所有拼图才能掌握知识；但如果是积木，则每一块积木都有意义。

焦虑就是干着急——邱晨 / 14
在别人焦虑的时候学习，在别人学习的时候焦虑——马薇薇 / 18
这不是一个小时代，这是一个小学问的时代——周玄毅 / 21
小学问，就是把知识积木化——黄执中 / 25

第二章
Be Smart——读书越多就越聪明吗？

知识确实是力量，但你我在逻辑训练上的缺失，会导致解读知识的方式经常出错。

第一节　为什么很多事争不明白？ / 34
第二节　没有自知之明，问题出在哪儿？ / 38
第三节　人为什么会死不认错？ / 42
第四节　你能分清原因和结果吗？ / 46
第五节　怎样不被人带到沟里去？ / 52
第六节　迷信的命门在哪里？ / 58
第七节　偏见为什么难以根除？ / 63
第八节　谴责受害者是什么毛病？ / 68

第三章
Make a Living——你真的理解"挣钱"这件事吗？

在"脑力劳动"与"体力劳动"之外，我们更容易忽视的是"风险劳动"与"情绪劳动"。

第一节　为什么有人可以"躺着"把钱挣了？ / 78
第二节　你知道自己挣的是哪份钱吗？ / 84
第三节　你的待遇是高还是低？ / 91
第四节　工作让人烦，你该怎么办？ / 98
第五节　怎样不被贫穷限制想象力？ / 104

第四章
Stay Fit——如何拥有自律的人生？

为什么在健身房办卡后再也没去过？为什么买的书从来没翻过？你到底对自律有哪些误会？

第一节　想自律？你连因果关系都弄错了！／114
第二节　为什么你总是三分钟热度？／118
第三节　改变自己，要经历哪几步？／122
第四节　为什么"不在乎别人的眼光"是个大谎言？／127
第五节　别人的成功故事，为什么帮不到你？／132
第六节　为什么你不敢做个优秀的人？／138
第七节　为什么你做不到"管住嘴"？／144
第八节　玩《王者荣耀》，也能学到自律之道？／148

第五章
Effective——高效能人士是怎样思考的？

传统的"节省时间"论，反而是阻止我们通往高效的最大障碍，时间从来不是省出来的。

第一节　问对问题，才能提高效率／158
第二节　为什么《俄罗斯方块》是人类历史上最成功的游戏？／165
第三节　斜杠青年邱晨的跳槽心得／171
第四节　"换位思考"都是耍流氓？／176
第五节　只看销售数据，你就错得太离谱了！／182

第六节　为什么更应该向失败者学习？/ 188
第七节　"节省时间"才是最大的浪费？/ 192

第六章
Attractive——情与爱的科学小秘密

想要追求却不敢追求？爱情中的"怕"与"作"，背后都有一套依恋模型的心理机制在起作用。

第一节　早恋为什么禁止不了？/ 200
第二节　女生，真的比男生更唠叨吗？/ 207
第三节　女生，天生就是购物狂吗？/ 213
第四节　女生，真的比男生更柔弱吗？/ 217
第五节　爱情，为什么总有各种"作"？/ 223
第六节　亲密关系中保持新鲜感的秘诀 / 229
第七节　跟数学家开普勒学习该如何相亲 / 238

第七章
Persuasive——不要当小透明

要影响他人，最重要的不是提供信息，而是提供"解释框架"。

第一节　卖问题，而不是卖产品 / 250
第二节　影响力，从感觉做起 / 257

第三节　制造美好还是营造恐惧？ / 262
第四节　"收礼只收脑白金"，为啥是个好广告？ / 269
第五节　坏消息要怎么说，才显得是一个好消息？ / 275

第八章
我丧故我在——学会和隐性焦虑相处

倡导个性解放的年代，我们的焦虑都被心灵鸡汤堵住了出口，"丧"成为了唯一合法的宣泄途径。

第一节　丧人？你以为想当就能当吗？ / 284
第二节　为什么焦虑会流行？ / 290
第三节　别慌，歌德的青春也迷茫！ / 295
第四节　人为什么必须快乐？ / 300
第五节　消极不一定是坏事 / 305
第六节　丧，也能循环利用变废为宝？ / 308
第七节　悲观是软肋还是铠甲？ / 313
第八节　怎样避免成为"三无青年"？ / 317

Chapter 1

第一章

解决人生
焦虑的小学问

焦虑就是干着急

邱 晨

焦虑其实就是干着急。

不知道学什么干着急。

学不进去干着急。

学进去了不知道用来干什么干着急。

当然,还有压根儿不想学,满地打滚干着急。

几年前有段时间,我因为干着急,差点儿迷上了"10000小时定律"。那时,我刚刚痛下决心,放弃积累了四年的采编工作经验,转行做设计。在这个陌生领域,我经验匮乏、缺乏人脉、没有作品,每天上网膜拜大神作品集,却无法丈量自己和山峰间的距离。同样,我也找不到登山路径,感觉一直听得到远方的召唤,眼前却是一片浓雾,一边摸索一边焦虑得不行。

可是干着急也没用啊。于是,出于"别闲着"的考虑,我不由自主地相信起了"勤能补拙"的大道理。我相信,不论我的天赋、方法、技巧、步骤怎样,只要我"能"狠狠砸下 10000 个小时,就可以成为任何行业的顶尖精英。

现在看来,简直就是在用时间给信仰充值,越充越焦虑。

在这个过程里,我挨过一段糟糕的时间,感觉成长速度骤然放慢,不论怎么努力,问题就是解决不了,水准就是没有提升,客户就是无法满意。我认识了无数"大词",接触了不少"体系",读了很多所谓的"经典",听了许多"术与道"的宣讲与辨析,可时间就像被吸入黑洞一样,毫无回响。

但是,我也经历过犹如小宇宙爆发的状态。**每多学一个知识点,就能多解决一个甚至多个问题**,感觉就像每上一个台阶,都能看到不同的风景。"爬升感"无比显著,几年的积累,抵不过这十几天的爆发。而造成上述差别的,不是什么状态或运气,更不是水逆。**我很快就了解到,在所有飞速提升的时间里,我所接触到的知识都有一些"特殊的属性"。**

不知道你有没有这种感觉,你学进脑海里的知识或观念,并不像你赚到钱包里的钞票一样,面值越大,效能越高。人类最顶尖的科研成果,即便写成通俗科普读物,你可能也会感到学得艰难,用得茫然。而最有价值的知识体系,即便用最合理的方式呈现给你,你可能也无法吸收,只能束之高阁。背单词,买了那么多宝典和秘籍,背来背去,背会了第一页第一行的"Abandon",于是顺理成章地放弃。而且,对于钞票来说,这一块钱的价值和那一块钱的价值,是完全一样的。但知识与知识之间,却完全不一样。你会深刻感知到,这个知识"有用",那个"没用",这个观念有意思又好记,那个艰涩又无聊。

于是,我做了一个小小的梳理,**列举出我认为效用较高的知识的最重要的几条属性:**

1. 有应用场景，解决"不知道学什么"的焦虑

不知道学美学还是学声乐、学国学还是学管理，那就看知识的应用场景你是否熟悉。比方说，管理学上有个小学问，叫"隐性薪水"，说的是物质报酬之外的职场收益。可能你乍一听没啥感觉，但如果你了解到，诸如"名企就业经历"这样的隐性薪水，能极大地提升你贷款买房时的信用值，那不管你从事什么职业，是否与管理学有关，你都会对这个知识产生浓厚兴趣。

2. 有解释力，解决"学不进去"的焦虑

有解释力，就能与我们的日常经验相呼应，从而更容易被我们理解和记忆。

比方说，心理学上有个小学问叫"达克效应"，说的是人的认知能力越差，认知和判断自己真实水平的能力也会越差。这个概念就能很好地解释，为什么我们认识的人里，越傻的人会越自大。基本上，这个小学问一听就懂，且过目不忘。

3. 可迁移，解决"学了不知道用来干什么"的焦虑

也就是说，把 A 领域的知识放到 B 领域，甚至 CDEF 领域都可以用，你可以很轻松地触类旁通。比方说，营销学里的"SMART"原则，就可以轻松应用到所有需要制定目标的领域，不论是健身，还是背单词，还是策划一场婚礼。

4. 足够"小"，解决"压根不想学东西"的焦虑

学习是必要的，道理我们都懂，但身体却很诚实地一直在抗拒。怎么办？需要控制体重的朋友都知道，大餐未必胖人，但零食、宵夜、下午茶，这些不经意的热量摄取，一定胖人。同样的道理，抗拒成长焦虑，最好的办法不是多来几场知识盛宴，而是以"小"学问为起点，降低强度，提高频率，润物细无

声地去吸收和学习。

以上四点，就是小学问的起点和属性。

当然，碎片化学习并非没有弊病。那些孤立的知识点和猎奇的小故事，消耗了我们的求知欲，还会把我们的注意力搞得支离破碎。碎片化太"轻"，系统化又太"重"，如何平衡？我们用模块代替碎片，用主题来组合体系。

所以，在每一则"小学问"里，我们不仅努力做到让每一个知识点都既有应用场景，又有解释力度，还能迁移到其他领域，以及足够轻巧有趣。同时，我们还把每一则小学问，都对应到一个具体的需求模块里，而这七大模块，恰恰构成了我们每一个现代人成长焦虑的核心原因。我们希望这本书在你随手翻阅时有所斩获，在系统阅读时，更能抵御焦虑的侵袭。

不过，在我看来，焦虑不是件坏事，它是上进心这个小妖精磨人的体现。如无意外，在这个高速变化的时代，它会陪伴我们终生。**所以，不管学会什么，最终学会与焦虑为友，与焦虑同行，才是《小学问》的核心目的。**

在别人焦虑的时候学习，在别人学习的时候焦虑
马薇薇

和你一样，焦虑也是我的生活日常。最近就有一件事情让我非常焦虑——减肥。

要知道，"胖"就像狡猾的土匪，偷偷摸摸地把你诱进伏击圈，然后突然蹿出来，拿着高音喇叭冲你嚷：里面的胖子听着，你已经被包围了，抵抗是没有用的！

但是我倔强。在焦虑时，我有一个跟别人不太一样的习惯——学习。

当你被焦虑包围时，不妨想一想：为什么会陷入这样的境地？是该抵抗还是该接受？手头有什么资源？可以向谁求援？短期和长期的目标是什么？该从哪里做起？——发现没？**当你把焦虑拆解成这些具体问题时，你其实就已经不是在焦虑，而是在分析了。分析问题，恰恰是有效学习的第一步。**

真的，**焦虑是专心学习的巨大动力。**要不是因为"减肥"产生焦虑，以我文艺青年的本性，才不会系统地思考"自律"这个问题。你们可以直接跳去看

第四章，里面有很多都是我的血泪教训和亲身体会。当时我哭着嚷着要把这个放在第一章，未果。还好我自律，我觉得他们说得有道理，认了。

但我还是要说，《小学问》这本书从哪里读起并不重要。**因为它本来就是从生活中的各种焦虑出发，给你提供最实用的、小中见大的学问。**如果你最焦虑的是"胖"，背后是自我管理的问题，请直接去读第四章；如果你最焦虑的是"穷"，背后是对挣钱的理解问题，请直接去读第三章；如果你最焦虑的是"被忽悠""低效率""注孤生""小透明"，可以去读第二、五、六、七章；最后，如果你本就是一个很"丧"的人，觉得焦虑本身才最值得焦虑，那么第八章最适合你。

总之，别人焦虑时，你得学习。知道问题在哪里，哪方面要提高，哪方面可以解决，哪方面只能死撑。**把焦虑弄明白，是唯一让你不焦虑的方式。**不过，千万别误会，我其实也不是什么爱学习的人，因为我还有一个习惯，那就是在别人学习时焦虑。什么意思？不知道你有没有意识到，传统的"知识体系"跟正常人的认知过程其实是颠倒过来的。一般来说，我们都是遇到困难，有了焦虑，才会想办法获取知识，解决问题，这是一个"焦虑驱动"的过程。但是，为了确保严谨，**大多数专业书籍却都是按照知识本身的逻辑，而不是以解决问题的思路来展开论述的。**比如说，大多数教科书开头都会提出一些简单的原理和模型，可你直接拿去用，一定会出错。这时，老师会再告诉你，其实还有很多例外情况，而它们又对应着别的一些原理和模型。结果，除非你一直学到底，否则根本谈不到实操。说白了，写书的人明明心里想着小鸡炖蘑菇，却必须从动物学和植物学开始讲，等你毕业好多年才意识到——原来最开始讲的就是食材和调料啊!

有没有觉得很尴尬?我们本来是遇到了实际困难,抱着"长点儿本事"的心态来学习,可是进去才发现是个巨坑,爬出来比进去还费劲。很多人变成书呆子,就是因为挣扎着往外爬的时候,已经忘记自己当时是为什么要进来了。求知固然需要静下心沉住气,但与此同时,也要始终记得你最初是因为什么而焦虑的。所谓"带着问题读书",不就是"带着焦虑读书"的意思吗?

所以,在很多人安心攀登知识阶梯时,我反倒喜欢上蹿下跳,以"小学问"的方式问自己,这些知识,是为了解决什么问题?能不能用某个问题来串起一系列的知识?你在阅读这本书时会发现,它涉及诸如逻辑学、心理学、社会学、经济学、管理学等领域,但又没有哪个知识点是以"某某学科"的方式独立存在的。它们都是以"积木"的方式,重新整合在"解决某个具体问题"的框架下,因为我知道大家都很忙,最关心的都是身边那点儿事,与其再帮你建构一个体系性的大道理,倒不如就你真正关心的问题教几招"小学问"。

事实上,即使是在传统教育内部,也存在这种**"把大学问做小"**的趋势。比如最近几年方兴未艾的"开放资源课",就是各个大学的老师网络联动,从现实世界最具痛点的问题出发去教授本学科的理论,强调学习材料的话题性,而不是像过去那样在"真空环境"里研究问题。至于这会不会彻底改变教学方法,甚至反过来提升学术研究的水准,这些问题留给学者去争论,我没有那么大野心。作为一个减肥爱好者,我只想告诉你,"自律"小学问,对我是有效的。

你的焦虑是什么?在这本书里,找到与之对应的"小学问"吧。

这不是一个小时代，这是一个小学问的时代

周玄毅

这是个小学问的时代，我却并没有预见它的到来。

1999年9月，我大三，新学期开学，一切如常，只有两个细微变化：军训的"新兵蛋子"特别多，寝室有人买了电脑。这一年，学校开始扩招，QQ刚出道，全中国只有200多万网民。

2013年3月，网上突然出现一个名为"1999战记"的梗，"80后"们纷纷"回忆起"1999年外星人入侵地球的尘封往事，以及全人类在经历浴血奋战后掩盖这场惨烈战争的良苦用心。"90后"和"00后"作为第一代互联网原住民，看着这些"80后"一本正经地胡说八道，目瞪口呆。他们无法理解的是，老一代集体无意识的狂欢，笑里都是泪。从神话学的角度分析，这个无厘头的故事有个悲凉的原型。时代的巨变，往往就在当事人眼皮子底下发生，事后惊心动魄，当时悄无声息。正如攻占巴士底狱当天，路易十六在日记里写下的是"无事可记"。

现在想起来，1999年那个9月，有两件伟大的事在我眼皮子底下发生了。**第一，大学学历成为标配；第二，互联网信息人人可及。**也就是说，今天你遇到的每个年轻人，几乎都接受过12年的系统教育，都拥有触手可得的海量资讯。从理论上说，我们的任何交流，都是以浩瀚的人类知识共同体作为共同背景的。**人人都是知识分子，人人都是百科全书。可是，为什么我们更焦虑了？**

不，不是因为"知识越多，越觉得自己无知"这种鸡汤式的感悟。知识多到有余力去探索未知的那些大咖，他们的驱动力叫好奇，不叫焦虑。牛顿和爱因斯坦不焦虑，你才焦虑。焦虑，是因为你拿到了入场券，却不得其门、不得其法。**"知识焦虑"的根源，是缺乏与这个时代相匹配的方法论。**

回到1999年，在我们刚有电脑时，老师经常提醒：遇到问题还是多去图书馆，不要以为只在网上查点儿东西，就可以应付差事。然而接下来的2000年，古登堡工程基金会（PGLAF）成立；2001年，谷歌数字图书馆开始筹备。2007年，我花了半年时间在英国为博士论文的延伸研究查阅文献复印资料，回国后上网一查，当时从图书馆里翻出来的原版书，早就被洗剥干净分门别类全须全尾地摆在那里，童叟无欺，卖相整齐。掐指一算，我一趟趟往宿舍里搬书的时候，人家正在一趟趟往网上搬运信息。大写的"崩溃"！

再后来，2011年的Watson，2016年的AlphaGo，分别在"检索信息解答问题"（使用自然语言的答题竞赛）和"评估形势制定策略"（围棋）这两个关键项目战胜了人类冠军。以后还会出现什么，谁也不知道。但是，世道不同了，传统的药方不灵了，这却是隐隐的共识。有新问题，却没有新方法，能不焦虑吗？

2016年火起来的"知识付费"市场，很大程度上是这种焦虑的产物。正是因为体系化的教育背景已经普及，有 AI（人工智能）辅助的海量信息共享成为现实，所以"碎片化的学习"才成为最高效的方式。在这样的前提下，继2016年全网销量第一的《好好说话》之后，2017年，我们又在喜马拉雅平台上推出了《小学问》这个知识产品。表面上看，它教的是**"如何解决生存焦虑"**，针对的是**职场、健身、两性、心智提升**等最常见的现实困境；实际上，它真正在尝试的，是将**经济学、心理学、逻辑学乃至历史和哲学**等领域的专业知识打碎后再重整，使其具有**"江湖一点诀式"**的实用效果。你问一个职场老鸟："为什么客户总是那么烦？"他回答："因为你从事的是情绪劳动。"你问一个健身教练："怎样才能管住嘴迈开腿？"他回答："首先你要把自律当成结果，而不是原因。"你问一个历史学家："读史书应该注意什么？"他回答："我们能读到的历史，都是层累造成的。"

这些答案，不只是老江湖的经验之谈。它们符合三个标准：第一，**碎片化**，一句话就能让你有所领悟，五分钟之内可以讲清来龙去脉，不用从头讲起，也不在现有教育体系之外另生枝节。第二，**实用性**，操作过程简洁明了，能转化成具体的行为并且看到成果。第三，**延伸性**，也就是说，这些知识不只适用于单项问题的解决，也可延伸到其他学科领域，带来触类旁通的效果。用一个老派的词来形容，小学问强调的是**"悟性"**。同时具备以上三点，才有资格成为我们这里所教授的"小学问"。面对 AI 的挑战，在同龄人无不具有大学教育背景和互联网信息加持的时代，只有这样的"小学问"，才能让你脱颖而出。

其实，"小学问"这个概念虽然新鲜，里面的智慧却很古老。公元200年，江东小霸王孙策在 26 岁的年纪遇刺将死,这时候孙权也才 18 岁。很明显,这个接班太仓促,没办法开个君王必读书单,也说不清从格物致知到治国平天下的圣人养成路径。如果你是孙策,你会怎么办?

孙策教了孙权一个小学问:内事不决问张昭,外事不决问周瑜。

你看,这个教诲,是不是具备了碎片化(好记)、实用性(好用)和延伸性(适度放权给合适的人)这三点?已经接受系统教育并拥有完整辅佐系统的孙权,正需要这样的"小学问"。

我们每一个人,都需要这样的小学问。

小学问,就是把知识积木化

黄执中

随着互联网上各式各样内容产品的兴起,有一种焦虑也越来越常被提及,那就是**"知识碎片化"**。也就是说,人们学习的知识,越来越是片段的、摘要的、被抽离了系统或被拎出了某个整体脉络的。我能理解那些对于碎片化的批判,毕竟相较于"碎片","完整"这个词本身就散发着奇特光晕、充满着美好想象,它意味着一股系统的、周全的、能被全然概括以致不必担心有所遗漏的"真知感"。

是啊,求知识、长学问,本来不就应该尽力追求完整和系统化吗?碎片化——既然碎都碎了,又算什么玩意嘛!

别急,同一个概念,让我们换一个词看看,比如不用"碎片化",而用"积木化"。

人类对知识的想象,向来便有两种:**一种是"拼图",另一种是"积木"**。拼图论者认为,所谓知识,应该是一张完整、巨大而瑰丽的宏伟图像。你我从小到大，自每节课上一一搜集起的每块"碎片"，就像拼图中的一块。其唯一目的，就是要让这些碎片拼图相互确保其能准确嵌合，能循序、完整地拼出整张蓝图。**每块碎片都有前因后果，都有它在系统里所预设的固定位置**，你得辨识，得循序，得小心翼翼，把该知道的东西放在它该拼凑的地方。真正有价值的，应该是知识那"完整"的图像，唯有整张图，才能被辨识、被解读，单独的一块碎片，啥都瞧不出。"知识碎片化"则是颠倒了拼图进程的世风日下，令拼图论者愤怒。

不过，积木论者的想法不一样。

你有没有玩过积木？玩积木的目的，是拼出你"想要的模样"，不像拼图，得拼出某个"预设的图像"。所以，积木中的每个零件，都没有所谓"固定"的位置。同一个零件，造火车时，可以拿来拼火车头；造飞机时，又可以拿来组飞机机翼。而对每一块拼图来说，如果它是拼火车头的，那它就只能放在火车头上，放错了地方，它就"废"了。所以，相较于拼图，每一块积木本身就已是"完整"的。

而且，同样是碎片，积木亦不同于拼图。拼图的碎片越细碎，就越难拼，**因此"碎片化"对拼图来说是有害的**。相反，一个"目标太过明确"的积木，在拼凑过程中，却往往是个累赘。一大块"完整无缺"的火车头积木，它的作用其实微乎其微。无论是拼飞机、拼火箭还是拼城堡，这块积木，都没有用。此时，唯有将之打碎，拆成更小的拼块，这块积木才能发挥作用。是以**"碎片化"对积木来说，意味着灵活**。

举个例子。先问一句：你现在所能掌握的数学，是完整的、系统的，还是碎片化的？相较于整个数学领域的大蓝图，九九乘法表绝对是碎片的知识，但在生活中，你九成以上的实际需求，是不是都可以用加减乘除这些碎片化（积木化）的数学知识解决呢？就像学生时代读文科的我，数学是典型的没学"全"。在我脑中，从三角函数到代数，从观念到运算，都是"残"的。但那又如何？这难道会否定或抵触当我单独用九九乘法表这块知识积木时，它对我的增益？

再比如花十分钟向你解释什么叫"押韵"。是的，我承认，相较于古典文学的浩瀚无边，这完全是个碎片知识。光懂什么叫押韵，不足以成为文学家。但是，即便如此，这块知识积木有没有用？有！因为相较于不懂的人，只要你理解了什么是押韵，你看待一首诗的眼光，立马就能变得不一样。你就可以从完全的外行，瞬间"略跪什么门闩"（韦小宝语，应是略窥门径）。另外，"押韵"这块知识积木，不只适用于唐诗，你完全可以用它来欣赏标语、俗谚、歌词，运用在许多别的地方。

懂了吗？**所谓碎片化，其实都是积木化。每一块积木都可以单独学习、自主拼接，进而组合成知识使用者自己想要的形状。** 而此时，若有拼图论者跳出来，指责这种碎片都是邪门歪道，我就会觉得未免误会太大。

对于知识碎片的质疑，网上有个热门帖，大意是这么说的：为什么说大部分碎片知识都是大忽悠呢？因为它传授的知识往往都是未经思考的。多数人为了逃避真正的思考，愿意做任何事。第一次看到这句话时，我被震撼到了。我想起我上学时的一件事，当时班上有一位后来考上清华的学霸，他总结了一套高效学习笔记。我当时物理成绩位居下游，便向学霸取经："借你笔记看看呗。"

我把他的笔记完完整整地抄了下来，但是几次考试下来，我还是位居下游。我说："你的笔记我都看好几遍了。"学霸说了一句："未经你思考的知识是不属于你的。"我瞬间醍醐灌顶。

在此，请注意喔——"人为了逃避真正的思考，愿意做任何事"这句话本身其实就是一个知识碎片。细想一下，这句让我"被震撼到了"的话，它的内容完整吗？它的结构成体系吗？它是某个通过脉络推演而展示出来的学问吗？都不是。"大脑面对判断会想偷懒"这个概念是心理学中的一块积木，是我们在《小学问》里花五六分钟便可以讲清楚（甚至比这句话讲得透彻深入）的一块知识积木。

没错，只是积木。

但是，见识过这块积木后，却能让一位批判者震撼，让他开始联想，联想到自己读书时的一件往事，联想到学霸跟他说的另一个道理，让他醍醐灌顶。可见，碎片不是重点。只要你能把碎片当成积木，你就可以将几块积木加以组合，充分运用，最后拼成一套属于你的论述。

所以，别再说碎片化了，**当今的知识应该是积木化。过去，我们有心理学、社会学、经济学、法学……当今，我们有法律经济学、社会心理学、社会经济学、法律社会学……**过去，人们探索，期盼着所有碎片背后有一张由上帝描绘的完整而系统的最终图像。而今，人们操作，希望知识能更容易、更有效率地被使用。

一直以来——从《好好说话》到《小学问》，我们都在尝试着将大块的知识掰开揉碎，分析诠释，最后成为一块块可被拼组的积木。积木拿回来拼成什么样，都只看个人。甚至，有人手上玩着积木，一时不想拼凑，这都很正常。但若要因此批评，大呼知识这玩意非得一套一套的，不能积木化，不能拆开，那您将会错过的"震撼"与"醍醐灌顶"，又岂止咱们的《小学问》？

Chapter 2

第二章

Be Smart
——读书越多就越聪明吗？

谁都不想跟笨人多费口舌，所以在论战时，常有人轻蔑地对对手说："你先回去多读点儿书，再来跟我说话！"的确，一定量的知识储备，是正确思考问题的前提。然而，等这些人真的读了书回来，你很可能会陷入更可怕的噩梦——他们似乎什么都知道，但是全都似是而非。跟你争论起来，越是旁征博引，越是错得离谱，气得你直翻白眼，但又拿他们没办法。

这时，你会突然理解培根那句"知识就是力量"的深意——**知识真的就只是力量而已，谁说它一定意味着正确？** 那么，为什么会出现这种"流氓读过书，谁也挡不住"的情况？不是说好了"腹有诗书气自华"的吗？

这是因为，在如今这个信息爆炸的年代，知识不再是以教化的形式而是以资料的形式存在。对大多数人而言，读书并不意味着获得价值观和方法论，而只是在吸取资料而已，最多是这个来源的资料比网上随便看到的更加权威而已。

比如说，在机场里，你有没有见过一些人起飞前买本书，飞机上翻俩小时，

导言

下飞机后随手扔掉?对他们而言,书就像是邻座健谈的人,聊了一路,记下几个有趣的段子、有用的数据,然后一别两宽、天高云淡,至于心智的成长……嗐,何必谈那么沉重的话题呢?

所以,《小学问》在这里要跟你介绍的,是几个常见的、不能通过知识增长而改变,甚至是越有知识就越顽固的思维误区,它能解释日常生活中很多奇怪的现象。比如,为什么现在上网搜集资料那么容易,相关科研成果那么多,还是有很多事就是死活争不明白?又比如,为什么有人明明见多识广,却没有自知之明,遇事死不认错?如果你对以上问题有兴趣,请认真阅读本章。我们无法向你许诺这能解决所有的思维痼疾,但是有一点至少可以确定,那就是想成为别人眼中的"聪明人",你就先得有能力破解这些常见的思维迷局。

1 第一节
为什么很多事争不明白？

现代社会里，遇到身体暴力的可能性在下降，但是遇到语言暴力的可能性却在上升。所以，习武防身的重要性远远赶不上学几招"心智防身术"。

什么叫"心智防身术"？武术上的防身，为的是在面对坏人时保护自己的身体。心智上的防身，则是为了在这个观点两极化的社交网络时代，在无数似是而非的说法和各种不知真假对错的争论中，对他人和对自己都保持清醒的理智。

在互联网出现之前，人类从来没有经历过这般众声喧哗的场景，也从来没有一个人的看法可以像如今这般那么轻易地被散布、放大、扭曲、影响。这是一个人人都想要拥有自己的看法，同时却也不断与他人看法相摩擦的年代，以至于每发生一件事、每读到一篇热帖，网络上就有人急着问："这件事，你怎么看？别人怎么看？他怎么可以这样看？"此时，你我所面对的那个所谓"坏人"，早就从单纯想要伤害你的身体，变成更进一步想要搅乱你的脑袋。也正因如此，时至今日，你更需要借由高效、精准的思考，武装自己的大脑，抵抗外界各种想要摆布你的论调。

就像在《奇葩说》中马东常形容的那样："有些观众，看着台上的唇枪舌剑，心里会觉得特别慌，特别没主张。"其实，这正是一个学着面对"洗脑"与"反洗脑"的过程。而这个过程，就是我们所说的"心智提升防身术"。这也是现代人除了专业以外，最不可或缺的一种软实力。而我们首先要讲的这则"心智防身术"，针对的是一个最根本的问题——为什么很多事是争不清楚的？

人与人发生争执时，最典型的一种僵局就是双方都陷入一种"互相要对方给出证明"的局面。比如，张三认为转基因的食物吃了不好，李四听了质疑，说："你觉得这东西有毛病，你有证据吗？"张三一听，同样反驳："那你觉得这东西没毛病，你有证据吗？你能证明吃过转基因食物的人都没有问题，而且以后也不会有问题吗？"到了这一步，话就已经说死了。接下来你一言我一语，互相掐着对方脖子要证据，同时挑剔对方给出的证据不充分，一定是没有结果的。为什么？因为双方在"要证据"之前，对于举证责任、证据效力等前提性问题并没有清晰认知和明确共识。所以，单单只是证据，并不足以说明任何问题。也正因这点，从明星的疑似绯闻到真假难辨的社会事件，热帖下总是唇枪舌剑吵成一团，在浪费无数时间后，却往往只能上升到人身攻击和站队抱团。至于事情的真相是怎样的，反而没人再关心。

比如说，如果一个人断定世界上没有白色的乌鸦，另一个人反对说大千世界无奇不有，世界上一定有某个地方存在白色的乌鸦。此时，应该由谁去提出证明？是要后者拿出证据，证明有白乌鸦？还是前者该拿出证据，证明没有白乌鸦？如果连这一点都没弄明白，吵来吵去有什么意义？而只要认真想想就会明白，要证明"有"白乌鸦，的确极端困难，但至少在逻辑上是有可能的，不管怎么辛苦，只要抓到了，就能证明你是对的。可是反过来说，想证明"没有"白乌鸦，应该怎么做？即使抓来一千只乌鸦都是黑的，也只能证明你还没有抓到白乌鸦而已。就算把全世界每个角落都装上摄像头，把所有疑似乌鸦的物体全看一遍，发现没有一个是白的，反对者还是可以说，那是因为你看得不够仔细。

所以你看，"存在白乌鸦"和"不存在白乌鸦"这两个观点，虽然都有证据，但双方的举证责任是不一样的。这个在逻辑上叫作**"证有不证无"，因为要证明一样东西不存在几乎是不可能的，所以主要的举证责任，是在说它"存在"的那一方**。英文俗谚说：**证据不存在，并不等于"不存在"的证据**。（The absence of evidence is not evidence of absence.）意思是，不能因为没有证据就说这事不存在。你走遍天下也没见过白乌鸦（证据不存在），这并不是"不存在白乌鸦"的证据，顶多只能证明白乌鸦真的很难见到而已。既然如此，如果不考虑双方在论证义务上的差异，辩论就会变得很不公平。想象一下，法庭上公诉人要求犯罪嫌疑人证明自己无罪，嫌疑人能怎么办？"我没偷东西"这几乎是没办法证明的，所以只能反过来要求指控自己的人："你既然说我偷东西，那你的证据呢？"

这就是"证有不证无"，当人们在争论有或无、是或否时，说"有"的那一方，认证义务是比说"没有"的那一方更大的。你可以质问"你凭什么说世界上有白乌鸦"，对方却不能同样反问"你凭什么说世界上没有白乌鸦"。

有人可能会质疑：法律上经常提到"不在场证明"，这难道不是在证明"没有"吗？如果你意识到这一点，恭喜你，你在读这本书时是在主动思考的。可是，进一步想想你就会发现，首先，"不在场证明"并不是绝对必要的，仍然是控方有更多义务证明你干过什么事，而不是你更有义务证明你没干过这件事。其次，所谓"不在场证明"，是通过案发当时你"有"在做什么，间接地推导出你"没有"可能去作案，你真正能证明的，仍然是"有"而不是"无"。比如，你有证人说你案发当时在上课，那就能推导出你没有时间作案，可是证人说的仍然是你"有"在做的事。最后，即使你的不在场证明成立，想让对方接受，仍然要以"证有不证无"为前提。否则的话，对方就会问你：凭什么说你有在上课，就"没有"可能中间溜出去作案？你看，此时对方仍然是在逼你"证无"，逃避自己"证有"的责任，这正是错误的根源。

所以，请记住这个原则，只要听到对方问你"凭什么说没有"，就要本能地反应："对不起，证有不证无，请你先证明为什么说有。"进一步说，在双方都要求对方给证据时，你也一定先要认真地分析，论证义务主要在哪方，才能避免陷入毫无意义的你推我挡。

TIPS：

小学问：很多问题之所以争不清楚，是因为没有弄清举证责任这个前提。记住"证有不证无"，能让你避免很多无谓的质问。

第二节
没有自知之明，问题出在哪儿？

以下的问题可能有点儿突兀，但是请尽量凭直觉回答：你觉得自己的能力怎么样？比起同年龄的其他人，你算聪明吗？反应灵活吗？个性独立吗？决断力可靠吗？

先别急着说那些客气的场面话，请扪心自问，你觉得比起一般人的平均值，你算是在平均值之上，还是平均值之下？

不要不好意思承认，是在平均值之上，对不对？

你的答案，早就在研究人员的预计之中。罗伯特·莱文（Robert V. Levine）在《说服的力量：我们如何买卖》一书中，就提到了这种被称为**"好于平均幻觉"**（better-than-average illusion）的现象。他设计了一份问卷，邀请268位大学生来比较自己与他人的人格特质。结果发现，只有25%的人觉得自己比普通人更容易上当，22%的人觉得自己比同龄人幼稚，15%的人觉得自己不够有决断力，11%的人觉得自己识别骗术的能力不如普通人，7%的人觉得自己不够独立，

5%的学生觉得自己的批判性思考能力低于平均值，3%的人觉得自己对从众心态的认识达不到一般标准。

是不是很奇怪？这个"普通人"或者说"平均值"的水准，明明应该是把人群划分成一半一半，怎么会好多人都觉得自己不在这条线之下呢？难道内心深处，大多数人都是自大狂？不，主要问题并不是自大，而是**缺乏理解力**。1999年，美国康奈尔大学的两位心理学家共同完成了一项著名的研究，后来人们从这两位研究者的名字中各取其姓，把这项研究的结论称为Dunning-Kruger effect，简称"D-K effect"，中文叫"达克效应"。达克效应的结论很简单：**我们每个人在评估自己时，都会有一种高估的倾向。而且关键是，当一个人能力越差时，他对自己高估的情况就会越严重。换句话说，越无能的人就越自信，越**

是不行就越是自我感觉良好。

比如说，研究者先请被试者给自己的英文文法打分，然后接受相关的测试。结果发现，实际能力最差、排名倒数25%的人，一开始对自己的评估分反倒是最高的。为什么会出现这种情况？答案很简单，也很讽刺，因为一个人首先要对正确的文法有基本认识，才会知道自己在实际运用上可能遇到的问题，而如果他连这点儿基本常识都不知道，当然会觉得自己说得都对。换言之，文法越差，就越看不出自己哪里有问题，以致充满虚幻的自信。

除了文法，心理学家还做了一个有关幽默感的测试。同样，他们先请大家给自己的幽默感打分，然后再让他们去接受有关幽默感的客观评测。结果和前一项一样，那些在实际分数中幽默感最差、排在后25%的同学，一开始对自己幽默感的评价也最高，平均将自己的表现高估了46%，也就是说，这些人在生活中说的笑话其实都很冷，只是因为他们古怪的幽默感让自己觉得这很好笑而已。在这里我们会发现一个悲哀的死循环：想判断自己有没有幽默感，首先你得有幽默感；想知道自己文法好不好，你得先有基本的文法知识；要想正确评估自己有没有某种能力，你得先在这方面具备一定的能力。结果是，越是需要学习的人，越是意识不到自己需要学习，反而常常会由于无知而自信满满。

不过，这个循环也不是完全没办法打破的，关键在于找到客观衡量该项能力的标准。比如我们刚才提到了对幽默感的测评，你可能有些疑惑，"幽默感"应该是很主观的东西，怎么能进行"客观评测"？其实是这样：心理学家事先挑选了30条笑话，然后分别请被试同学与另外8名公认的非常出色的专业喜剧演员为这30条笑话的幽默程度打分。一个人的评分与演员给出的分数越接近，幽默感的客观指数就越高，反之就越低。

你看，是不是很合理？由此可见，只要动动脑子，很多乍看是纯主观的东西也能找到客观的指标来进行定量分析。而一旦我们掌握了这样的思路，就能用事实说话，去冲击陷入"达克效应"而不自知的人。比如说，你觉得自己逻辑严密，光是相信自己没犯过逻辑错误可不行，那么多教科书后面都有练习题，试着做几道。又好比说，你觉得自己口才不错，跟人争执时单方面宣告胜利可不行，有本事去参加正规的辩论赛，用冠军和最佳辩手来证明自己的实力。

TIPS：

小学问：人们通常都会觉得自己的水平在平均线之上，而这往往是因为无知导致意识不到问题所在。想击破这种"好于平均幻觉"，你就要尽量给这种能力找到客观评判的标准。

第三节
人为什么会死不认错？

人对于"原因"的热爱，可以超越生死。电视剧里常有这样的桥段，每当有人被暗算，临死前最后一句台词往往都是："为……为什么？"你不觉得奇怪吗？刀子都捅到身上了，居然关心的不是去医院，而是问缘由！又比如说，告白被拒绝，大多数人的第一反应也是问："为什么你不喜欢我？"似乎对方天经地义要给个理由，其实此事根本就不需要，甚至根本就没有理由。

有趣的是，这种不理性，恰恰因为**人是理性的动物**。所以，为了安放自己的理性，我们经常是有理由时找理由，没有理由，创造理由也要找理由。如果没有理由，我们就会吃不好睡不着，连死都不甘心。而在找理由时，由于因果性的复杂和微妙，自由度就会很大，有极大的空间可以发挥自己的创造性。

总的来说，有"外部归因"和"内部归因"两种倾向。

所谓**"外部归因"**，顾名思义，就是**把原因推给外界**。比如说，上班迟到，老板问你："为什么又迟到？"你说"因为住得离公司太远"，或者"因为闹钟坏了",或者"因为堵车太严重",这就是归因于环境、意外、不可抗力。总之,千错万错,反正不是你的错。与之相反,所谓"**内部归因**",就是将事情的原因**归于个人内在的特质**。比如说,你的同事小王上班迟到了,你在背后说:"小王这个人,一贯自由散漫没有责任感,做事总是慢半拍。"这就是把原因归结为个性、能力和态度等内部因素。

在选择归因方式时,每个人几乎都是**双重标准**。一件坏事,发生在自己身上,我们就会倾向于外部归因;但如果发生在别人身上,我们则更喜欢内部归因。别人迟到,是因为他不够上心;我迟到,是因为路上堵车。别人被骗,是因为脑子笨;我被骗,是因为太善良。反过来说,一件好事,如果发生在自己身上,我们就倾向于内部归因;但如果发生在别人身上,我们则会选择外部归

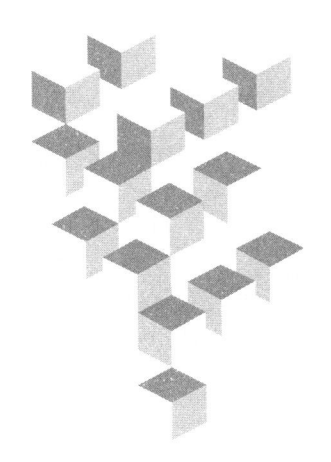

因。别人升职，是因为拍马屁；我升职，是因为努力。别人人缘好，因为巧言令色；我受欢迎，因为善解人意。

不同归因方式所带来的双重标准常会造成一种效果，那就是当我们在回忆过往时，很容易就会**只记得那些成就所带来的证明，忽略了失败所代表的意义**。比如说，你想到同学张三，觉得这家伙个性实在很不成熟，失恋时大哭大闹借酒装疯，像个小孩子，这是内部归因。至于你自己呢？那可不一样，虽然上次失恋我也是借酒浇愁，但那都是因为前任在分手时说的话实在太过分，所以才会闹成这样，这就变成了外部归因。相反，当你在回想自己有什么地方可以算是个性独立时，也会对有利的例证比较宽容。比如说，你小时候就上寄宿学校，自己照顾自己，那就一定是性格独立的铁证了，这是内部归因。可如果是别人呢？那可未必，因为住宿舍又不是自愿的，不独立的人上寄宿学校，变成让室友厌烦的傲娇小公主，这样的案例还少吗？这又变成了外部归因。

可见，通过以上这样的双重归因操作，每个人回忆起过往时，都很容易得出一个自我美化的结论。在印象中，你个性成熟、不爱跟人计较、不随便麻烦别人、常常有苦自己咽……于是想着想着，就有七成以上的人，会觉得自己的个性实在比周遭朋友成熟多了。进一步说，在每个人脑海里，自己总是没错的，当脑子里一件一件证据翻过去时，所有好事、所有成就，都能佐证你是怎样的一个好人；而所有坏事，所有失败，都是因为当时的"不得已"，或是一个"不小心"，那并不足以证明自己的本质是差劲的。

当然，这种心理机制有个好处，它可以帮助我们抵抗不堪的回忆，好让人们在想起过往时，不会被忧虑与悔恨吞没，在面对他人的成就时，不会被羡慕与嫉妒所煎熬。这样一来，我们就能一边犯错，一边感觉良好，晚上依旧睡得着觉。毕竟，人是一种"理由"的动物，需要理由、追寻理由，而且善于创造理由。

然而，也正是因为这种"创造"太过自由，所以它往往会超出自我安慰的限度，变成一种对世界的曲解。很多人都有"怀才不遇""举世皆浊我独清""寄意寒星荃不察"之类没来由的悲愤感，很可能就是因为这种双重归因，导致自我评估过高和对他人过度贬低。

所以，当你发现有人死都不肯认错时，要知道他们不一定是罔顾事实，而是对事实有一套自己的归因套路。提醒他们这种双重标准的不公平，才是戳破这类谬误的关键。

TIPS：

小学问：人是一种需要理由的动物，可是在追寻理由的时候，由于外部归因和内部归因的双重标准，很容易"创造"出有利于自己的解释，从而沉浸在自己的世界里死不认错。

第四节
你能分清原因和结果吗？

这个标题可能会让很多人觉得不服气，原因和结果，这是小孩子都能分清的啊！天上下雨地下湿，当然下雨是原因，地湿是结果啦，难道还能反过来？！

可是你再想想，真的不能反过来吗？如果一开始地上没有水，天上的雨又是哪里来的？古人只知道"黄河之水天上来"，现代人却知道大气层里存在水汽的循环，天上下雨和地表水蒸发，这就是**"互为因果"**或者**"对立成因"**的关系。

当然，并非所有原因和结果都是双向的，比如太阳把石头晒热了，就不能反过来说石头变热会对太阳产生什么影响。但以上这个例子提醒我们，很多乍看毫无疑义是原因的东西，其实很有可能从某种意义上同时也是结果。正所谓"艺高人胆大"，也可以反过来说"胆大艺更高"，这就是互为因果、相互促进的关系。

曾有人研究家庭关系的重要性，他们说，每天清晨会给伴侣一个吻的人，收入会比没有这种亲密表现的人高出20%～30%，不仅如此，他们的平均寿命也会多五年，遭遇车祸和患上职业病的可能性也更低。然而，你冷静下来想想，早上一个吻，固然能增进夫妻感情，改善精神面貌，进而间接地有助于事业发展，可是说到提高收入、延年益寿，这也太夸张了吧？有没有可能是因为收入较高的家庭，本来就比较容易有闲有钱维护亲密关系，本来就更有条件远离职业病和车祸这样的不幸？这个反过来的因果关系，反倒是更符合常识。

再举个例子，经常有社会新闻说，年轻人因为失恋之类的小事就自寻短见。很多人因此感慨说，这是因为年轻人个性冲动，遇到情感挫折很容易想不开，等年纪大一点儿就好了，你什么时候看见老年人为了谈个恋爱寻死觅活的？这个说法，当然很有道理。时间和历练的确会让一个人性格更成熟，遇事更沉稳。但是你再想想，除了因为"年纪大，所以变沉稳"是结果之外，还有没有别的可能？比如说，个性太冲动的人，年轻时但凡遇到点儿破事，都会拼个鱼死网破、不死不休，这种人活到年纪比较大的可能性，是不是会相对较小？再比如，个性沉稳的人，在年轻时通常都不太显眼，反倒是越老越显出这种气质的可贵，所以具有代表性的老年人大都风格沉稳，而引起关注的年轻人，则大都个性比较张扬。

所以你看，这里存在两个因果性的方向。前一种解释，"年纪大"是原因，"个性沉稳"是结果；后一种解释，"个性沉稳"是原因，"（活到）年纪大"，或者说"成为你所关注的年纪大的人"则是结果。两种解释都具有合理性，而人们往往会忽略后者，由此带来一系列的问题。

其中的重灾区，就是网络上经常会看到的、各种号称来自"权威研究"的生活指南，这也是很多标题党吸人眼球的路数。比如说，有一则曾经流传很广的帖子，叫作《揭秘长寿十大要素》，其中一条就写着，"晚育"能延年益寿。

理由听起来很过硬。说在新英格兰地区有一项针对百岁老人的研究显示，如果一个女性是自然怀孕，而且是在 40 岁之后才生孩子，那么她比普通的女性活到百岁的可能性会高出 4 倍。可是你反过来想，那些女性之所以长寿，真的是"因为"她们在 40 岁之后才生孩子吗？原因很可能刚好相反：女性的晚婚晚育，和学历、收入、社会地位、身体健康都是正相关的。别的不说，单说 40 多岁还能怀孕生子，那她的身体，应该本来就很好才对吧？所以，才不是什么在 40 多岁怀孕的女性会更容易活到百岁，更合理的说法应该是，学历、收入、社会地位都高，而且身体健康，本来就能活到百岁的女性，才会更多地在 40 多岁的年纪才生孩子啊！

以上这种陷阱，就是一个典型"因果倒置"的谬误。简单来讲，就是**对于两个相互关联的现象，错误地把它们之间的原因与结果给弄颠倒了**。明白了这个概念，你再去看网络上的很多信息，特别是那些披着科技外衣的热门帖，就能知道其中的问题在哪里了。比如有一则新闻，标题是"美国研究人员发现体罚可能影响孩子智商"，说的是美国惩戒与家庭暴力专家针对 806 名 2 岁至 4 岁儿童，以及 704 名 5 岁至 9 岁儿童，进行了四年的跟踪研究后发现，前一个年龄组中未遭体罚过的儿童，智商平均得分比经常挨打者高 5 分；而后一组中，这一差距为 2.8 分。研究人员因此建议，在任何情况下，孩子都打不得。

像这类的新闻，乍听之下很有道理，结论也符合常识，所以一般人听了，很容易相信。但是当你懂了"对立成因"和"因果倒置"的道理之后，就要再仔细想想，之所以有这个结论，究竟是因为打小孩会比较容易让他变笨，还是因为笨小孩会比较容易挨打呢？如果没有排除后一种可能性，研究人员又怎么能说他们得出了科学的结论呢？举这个例子，并不是说打小孩是对的，而是提醒大家，不管结论多么显而易见，也要对推理的过程心存警惕，小心弄错了因果关系。特别是在这个似是而非的信息满天飞、到处充斥着什么"英国研究""美国专家"的时代，我们实在有必要学会一套推理技巧，好让自己不至于轻易地被那些断章取义的热门帖给带跑。

在此，教你一招很简单的秘诀，可以用来快速检测那些所谓的"研究结论"可信度高不高。那就是，每当你一见到某个证据确凿、貌似合理的结论时，永远都要先问自己一个问题：这个结论，可不可以做实验来验证？什么意思呢？还是拿体罚与智商的关系来说，"被打"和"智商低"，这是两个被观测到前后出现的客观现象。但是请注意，这只是"观测"，而不是"实验"。观测只能告诉你两件事前后发生，实验才能在控制和排除所有无关因素之后告诉你真实的因果性是什么。

所以，真要做实验，就要像对待小白鼠那样，把总共1500多个小孩关在一起同吃同住，并且随机分成两组。对其中一半小孩不管乖不乖都要打，对另外一半小孩不管乖不乖都不打，这样才能排除所有无关因素，以及"因为聪明，所以比较能够避免挨打"这样一种可能性。四年后，再来看他们在智商发育上的差异。你当然会说：这不可能！是的，这个疯狂的想法本来就不可能。正因为如此，对于社会现象的观察和统计分析，几乎永远不可能避免"对立因果"，而一旦忽视这一点，就很容易"因果倒置"，把结果当成原因。

最后，出一道思考题让你自测。

知名学术期刊 *Plos One* 刊登出一项研究说，在考察了超过 130 万人的健康记录后发现，被猫咬而接受治疗的人群中竟然有 41% 同时被诊断患有抑郁症，其中 86% 被猫咬且被诊断为抑郁症的人群为女性。这项结论，如果拿给那些喜欢哗众取宠的媒体，肯定能得到一个类似于"震惊，一般人不知道的养猫风险！"或"你还在养猫吗？当心抑郁缠身！"之类的标题。

但聪明如你，现在，已经不会轻易掉进这种推理陷阱了。因为，第一步，先去想：这玩意，能不能做实验？第二步，再去想：针对这个"被猫咬伤的人，有四成患有抑郁症"，除了原有的因果关系外，还有没有别的可能？

参考答案：

1. 患有抑郁症的人群更倾向于养猫，因为养猫可能会对猫主人的心理带来真实的或感受上的健康益处。因此，他们被猫咬的概率也比那些不养猫的人相对较高。

2. 抑郁症症状越重的人，越倾向于与猫黏在一起。当然也就更容易被咬。

3. 猫咬的伤情有时会相当严重，这部分归咎于猫齿尖而长，可能造成难以清洗的深度刺穿伤，且容易感染。严重的感染或伤情可能促进抑郁症的发生。

4. 有的动物在主人精神状况和相应水平发生变化时会更倾向于咬人。猫会与人类的目光互动，而抑郁症患者可能更少与猫进行视线接触。

5. 抑郁症患者的行为方式或许会激怒猫。例如，他们可能更容易忘记给猫喂食。

6. 抑郁症患者对健康的焦虑感更强，被猫咬伤后，会比一般人更倾向于去医院寻求治疗。

7. 有时候，被猫咬伤的情况发生在主人试图阻止众猫打架的过程中。根据研究，抑郁症患者更有可能养好几只猫，从而增加了以这种方式被猫咬伤的概率。

8. 就算全世界都没人爱你，至少你还有只猫……怀有这种想法的人一旦被心爱的猫咪咬伤，势必遭受沉重打击。这令本已抑郁的人症状更加严重。

9. 抑郁症患者有时可能不愿承认自残，而将责任推卸给猫。

……

发现没？掌握了"对立成因"这个观念，是不是看世界就没有原来那么简单了？

TIPS：

小学问：因果关系往往是相互的，甚至是跟表面上相反的，如果忽视"对立成因"的可能，就会犯"因果倒置"的错误，被似是而非的统计数据忽悠。

第五节
怎样不被人带到沟里去？

从小到大，我们常听很多人讲两种句式。每次听，都会隐隐觉得哪里不对，却又一时无法反驳。**其一：**"再这样下去，怎么得了？"**其二：**"如果大家都像你这样，那怎么得了？"

比如说，你不爱收拾房间，其实也没多大事，可是架不住老妈天天唠叨："连个房间都整不清楚，你这样下去，以后什么事都做不成！如果大家都像你这样，那家里岂不成垃圾堆了？"像这种说法，你要怪她无事生非吧，可你确实也有不对的地方；你要说她小题大做吧，可人家说自己是以小见大；而就算你拍着胸脯说"我不会这样下去的"，对方又凭什么信你呢？左说不是，右说也不是，很麻烦吧？这个特别容易把人带到沟里的逻辑陷阱，就叫作"滑坡谬误"。

所谓"滑坡谬误"，就是对方看一件事不顺眼，可是这事情本身又找不出什么大问题，所以他就把这事推向极端，来突显其中的坏处，就像是把你放在一个滑坡上，从后面一推，让你"出溜"一下子滑到沟里，本来没事也变成有事。回到刚才这个例子，你本来只是不喜欢收拾屋子，结果对方抛出一句"一室之不治，何以天下家国为"，于是"出溜"一下子，就好像突然输掉了整个人生。

而且，你还别以为这只是婆婆妈妈的碎碎念，很多人在分析严肃的社会事件时，也会陷入这种滑坡谬误。社会上出点儿什么鸡毛蒜皮的事，都有一堆人跳出来说什么"长此以往，国将不国"，可是最后往往被证明是杞人忧天。

那么，滑坡谬误为什么会有这样的误导性呢？这是因为人作为一种高级智慧生物，会有一种本能的"**秩序偏好**"。也就是说，人们会特别喜欢谈趋势、谈走向，喜欢在变化与成长背后找出规律。甚至可以说，人类在规律和秩序方面，个个都有强迫症。因此，"循序渐进"这种事，往往会产生一种莫名的吸引力，以至于只要"看起来"是渐次延伸递进的关系，就会天然地具有一种说服力。比如这段话：**思想改变行动，行动改变习惯，习惯改变性格，性格改变命运。**怎么样？是不是很发人深省？可是别忙，你把它调换一个顺序再看：**命运改变性格，性格改变习惯，习惯改变行动，行动改变思想。**是不是同样也觉得头头是道？甚至你还可以试试把顺序打乱：**习惯改变思想，思想改变性格，性格改变行动，行动改变命运。**居然还是觉得有道理，对不对？

为什么正说也是理，反说也是理，甚至乱说还是有理呢？不是因为其中有什么既定的因果关系和逻辑顺序，而是因为只要一段话"长得"很像是有一种循序渐进的趋势，听起来好像就特别有道理。这时，说话的人甚至不需要给出什么事实根据，听话的人就会自动帮你补例子。比如听到第一句话的人会说:"对呀对呀!思想就是这么重要!治贫先治愚,很多出身贫苦的人,就是因为教育最终改变了命运啊!"听到第二句话的人又会说:"唉,命运真的很强大,有谁是天生乐观或者悲观的呢?不都是家庭和境遇造成的吗?"听到第三句的人则会说:"小孩子最重要的就是养成好习惯,比如守时的习惯会让一个人思维严谨,进而在性格上变得沉稳持重,行为上勤奋自律,最终当然是拥有事业成功的命运啦!"以上三种说法,各自成理,因为都遵循了某方面的规律。

然而,也正是因为**"渐进的秩序感"**有这样的魔力,我们才更要警惕,因为一不留神,就会被这种偏好带到沟里,把很多似是而非的东西当成天经地义。比如说,我们都读过《礼记》中的这样一段话:"古之欲明明德于天下者,先治其国;欲治其国者,先齐其家;欲齐其家者,先修其身;欲修其身者,先正其心;欲正其心者,先诚其意;欲诚其意者,先致其知,致知在格物。物格而后知至,知至而后意诚,意诚而后心正,心正而后身修,身修而后家齐,家齐而后国治,国治而后天下平。"你看这里头的趋势,环环相扣,步步为营,短短几句话,就描绘出了一整套从小到大、从内到外、从知识到德行、从个人求学到天下太平的流水线。整个过程听起来非常顺,让人拳拳服膺,挑不出毛病来。用来鼓励学生用功读书,可说是再好不过了。

可是,这里头说的顺序关系,真的是必然的吗?一个人真的非要有"齐家"的能力,才能"治国"吗?一个人如果对"格物"没兴趣(比如一代大儒王阳明),他就势必"心不正"吗?这段文字,说的究竟是一种实际规律,还是只是作者的期盼与推断呢?当你想到这一层,就会发现,其实这个链条不一定不对,但它只是一种可能，就跟你妈说你不叠被子会导致将来一事无成一样，都是一种或然性的预判而已。不要只是因为听起来层层递进，就变得结果是必然如此。换句话说，滑坡谬误的结论倒不一定错，但是不具有必然性，所以不能当成严格的逻辑推导。

那么，在明白原理之后，我们又该如何去应对这类型的谬误呢？在此提供两个思路：第一，回归效应；第二，集中议题。

什么叫"回归效应"？要知道，这个世界上绝大多数的事物变化都不是像滑坡那样一直"出溜"到底的，而是起起伏伏的，也就是像波浪那样，有时上升有时下降，围绕着一个正常值上下波动的。所以，当你觉得有可能出现极端的时候，反而往往意味着"回归正常值"的时候快到了。

最典型的案例，就是卫道士经常抱怨的"世风日下"，他们总是觉得女生的裙子越穿越短，再这样下去，以后岂不是要光着身子上街了？青少年玩游戏越来越多，长此以往，岂不是大家都不工作、不学习了？其实大可不必这么紧张，因为即使没有这些人在旁边叨唠，很多事情的变化也不是线性，而是波浪性的。比如，回顾一下历史上时装潮流的变化，裙子的长短一直在起伏波动，甚至有人提出了"裙边理论"（Hemline theory），认为这跟经济的波动成反比，也就是经济越好裙子越短，经济越差裙子越长，既然经济总有波动，那么裙子的长度也总不至于一路短到底。姑且不论二者是否严格对应，至少此类现象都有一种"波动"的特征。三十年河东，三十年河西，保守和自由主义的潮流经常是风水轮流转。但是千百年来，这世上的风气，也没真的"沉沦"到哪里去。

接着说另一种思路，也就是"集中议题"。你要知道，喜欢玩滑坡谬误这一套的人，往往会把一个说不上好还是不好的事情推下滑坡，让它们一下跌进泥潭里，跟另外一些千夫所指、明显就不对的事绑定在一起。既然他们最终的目的是"绑定"，所以这个时候，你一定不要上当，不要理它这茬儿，集中讨论你们原来那个议题，别被带偏了。

比如某地有个大学曾发生过一个争议，当校园全面禁烟时，因为一些老教授多年的烟瘾实在戒不掉，所以学校就打算在校园里开设几个空间，当成吸烟专区，好方便那些老师。结果，这个专区引发了少数学生代表的质疑，他们跟校方之间的对话，大意是这样的：

"如果因为有人想抽烟，学校就要设立吸烟区，那么还有人想喝酒，学校是不是也要为他们设立喝酒区？那还要不要设立麻将区、火锅区、嚼槟榔区？"

"同学，请等一下，我们现在讨论的是吸烟区……你们对于设立吸烟区这件事，有什么问题吗？"

"我们就是在问啊，那同样的道理，以后是不是还要设立喝酒区、麻将区？"

"等等，还是那句话，现在讨论的是吸烟区……至于以后要不要设立喝酒区什么的，那是之后再讨论的问题。现在只讨论你们对吸烟区本身，有没有什么问题？"

这个对话过程，就充分展现了讨论问题时，一方试图"推动滑坡"，带出某种令人不舒服的"趋势"，而另一方呢，则不断集中议题，避免事情的焦点跑到其他地方。

总之，**滑坡性的思维，根源在于人们偏好于相信循序渐进的趋势本能**。一方面，它能产生某种不言而喻的说服力，另一方面，也让许多不相干的事物在讨论问题时，纷纷掺杂进来，让讨论动辄上纲上线，彻底失焦。而有了"回归效应"与"集中议题"这两招心智防身术后，再去看类似的问题时，你的思路就会清楚多了。

TIPS：

小学问：滑坡谬误的根源，在于人们心中对于秩序的喜好，在面对环环相扣、看似严密的推导过程时，会倾向于把或然的预判当成必然的结果。对此，你可以指出回归效应的存在，并且用集中议题的方式，拒绝对方把你绑定在糟糕的结论上。

第六节
迷信的命门在哪里？

时至今日，有的人依然迷信。2005 年一项盖洛普调查（Gallup Survey）显示，大约有 3/4 的美国人拥有至少一种超自然信念。在皮尤研究中心（Pew Research Center）2009 年的调查中，有 29% 的受访者表示他们与死者有过联系，18% 的人表示他们看到过鬼魂。YouGov 公司 2012 年的民调更是说，有 45% 的美国人相信世界上有鬼。

在涉及公认的科学结论时，情况也并没有好多少。英国《每日邮报》2017 年在澳洲的调查显示，21% 的人认为全球变暖是科学家制造的一个骗局，其中有 9% 的人更是坚信这是一场阴谋。与此同时，有 16% 的人认为来自风电场的扰动会造成对人体长期健康的损害，还有 14% 的人认为接种疫苗会导致自闭症。马克思曾说过，他最能体谅的人性弱点，就是轻信。这很好理解，因为他最喜欢的优点，就是淳朴。轻信和淳朴，往往是联系在一块的，就像迷信和无知，往往也是联系在一起的。可是，如果我们只把迷信理解为无知，那就未免把它瞧得太简单了。

首先，**迷信和愚昧并不一定成正比**。人类发展这么多年，知识不断增长，教育水平不断提高，可是迷信不但没有减少，反而形式花样越来越多，甚至还形成了鄙视链：相信水晶净化能量场的瞧不起相信食物相生相克的，玩塔罗牌的瞧不起街边排生辰八字的……仔细想想，这只不过是新迷信取代了旧迷信，年轻人看不上老年人而已。

其次，**迷信真正的温床，不是无知，而是恐惧与焦虑**。因为面对充满不确定的世界，"无能为力"是最可怕的感受。所以，为了让自己安心，提升哪怕是虚幻的效能感，我们也会本能地倾向于相信自己"能做点儿什么"。而此时科学往往因为其严谨性，不能第一时间给出确凿答案，从而给迷信留下足够的活动空间。换句话说，迷信之所以会有那么顽强的生命力，乃是因为它以低成本、高效率地为我们提供安全感。你可以说这是某种"低成本环境下的理性"。

最典型的例子，就是 2003 年 SARS 病毒的爆发。很多人应该还记得当时的场景有多滑稽：一方面，全世界最专业的医药团队在埋头苦干争分夺秒地研究疫苗；另一方面，一些连基本医学常识都不具备的民间大师如雨后春笋般涌现出来，给我们"贡献"出一个又一个神奇的偏方，像什么板蓝根、绿豆汤、多吃大蒜、屋子里熏醋还算正常的，更离谱的是，还有相信靠喝养乐多、吃加碘盐，甚至是抽烟来抵御 SARS 的！

现在我们痛定思痛，当然会觉得这些都是迷信——哪有可能出现一个谁都没听说过的东西，你就能第一时间拿出对策？可在当时那种恐慌的氛围里，敢保证自己什么谣言都不信吗？不能，谁也不能，因为我们的头脑里被亿万年的进化史预置了一个程序，叫"再烂的对策，也好过没有对策"。在复杂的自然界，各种生物本来就都是浑浑噩噩不明就里，通过不断试错找到出路的。而这个"试错"的逻辑，无非就是"不管对不对，出问题的时候总得做些什么"。

好，现在我们按照这个思路来想一想，当时流传的那些偏方，为什么会如此深入人心呢？就是因为它满足了迷信的根本要素：低成本、高效益地提供安全感。

不知道你有没有注意到，这些"爆款"偏方，不管是板蓝根也好，绿豆汤也好，乃至养乐多、食用醋、大蒜、香烟、加碘盐，它们共同的特点就是操作门槛都很低，而且价格都很便宜。好巧啊，是不是？

更有趣的是，当第一波偏方"板蓝根可以抗 SARS"被传开，导致板蓝根一

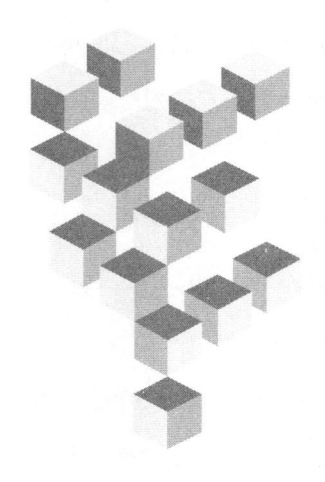

轮疯抢，价格大涨之后，没多久，第二波"绿豆汤可以抗 SARS"就立马接手，浮上台面。等再接下来，连绿豆也不好买的时候，新一波谣言就会告诉你：很简单，拿瓶醋，煮一煮，在屋子里熏一熏，同样也可以抗 SARS！道理是一样的：成本低，所以不妨一试。当然，有些成本看起来很高，比如千年灵芝包治百病什么的。但是首先，它在这种重大公共危机中不可能流行开来，因为价钱太贵，就算你真信，也不可能实施。其次，对于有钱人来说，这个"成本"其实一点儿都不高，反正治病已经那么贵了，再买点儿灵芝、虫草、人参、鹿茸吃吃，又有什么害处呢？宁可信其有不可信其无嘛！

我们经常会看到这样的情况：很多癌症患者一边承受高昂的费用在正规医院里治疗，一边又会对各种"据说"有抗癌作用的民间药方来者不拒，如果不跟他们讲清楚这里面的副作用，只跟他们说花了钱"不一定"能达到效果，他们是不会改变主意的。这个时候，所谓"成本"，其实不是价钱，而是副作用。就好比我告诉你一个偏方：病毒只喜欢健康人，所以先吃半瓶老鼠药，把自己折腾得半死不活，可以保证不感染。这时候，你信不信？肯定不信，因为万一不靠谱呢？半瓶老鼠药的代价，可就太大了啊！

看，真正起作用的是成本。这里有个很典型的案例，那就是对于"拒吃鱼翅"的宣传。之前的口径，大多是"残害鲨鱼破坏环境""鱼翅又贵又没有营养价值""粉丝也能做出鱼翅的味道来"之类的，可是这些宣传根本没有效果，因为这些理由并没有让爱吃鱼翅的人付出成本。那现在宣传的重点是什么呢？是由于鲨鱼是顶级掠食者，所以鱼翅里集中了大量有毒有害物质，吃鱼翅就相当于在吃毒药。这才是鱼翅的消费者会认真考虑的成本，所以这种宣传方式才是真正有效的。

那么，既然知道了迷信的源头是"成本低"，相应的对策，也就是指出它的成本并不低。还是拿 SARS 举例，如果要破除这种迷信，一方面要科普病毒传染的真实机理，另一方面，更要指出这种迷信的真实成本。任何一个有关"××能治 SARS"的谣言，都会导致对相关物资的哄抢，而由此产生的人群集中，反而是病毒传播的最好渠道。当年有些地方大锅熬中药分发给群众，表面上看可以安抚紧张情绪，其实恰恰成了疾病的帮凶。

发现没？**迷信的成本，往往都是隐性的**，就像很多草药的副作用一样，当时看不出来，日后导致肝肾衰竭什么的才悔之晚矣。所以我们要做的，就是揭示这些隐性的成本，告诉大家为什么"宁可信其有，不可信其无"是不对的。

TIPS：

小学问：之所以迷信，在于它能低成本、高效率地安抚焦虑。所以最有力的回击，是指出它高昂的隐性成本。迷信的成本，就是它的命门。

第七节
偏见为什么难以根除？

没有人会承认自己喜欢以偏概全，但是在生活中，我们却往往免不了给人贴标签。有时候是"地图炮"，有时候是年龄或性别歧视。只是因为你属于某个类别，就判断你必然具有某种属性，这就是典型的偏见思维。偏见的根源是**"分解谬误"**，也就是**把整体的属性直接"分解"到个体身上**。姑且不论这个整体属性本身有没有根据，把它直接落实到个体身上，就是一种轻率的行为。但是，偏见倒不一定是出于恶意，甚至很多时候，"善意"的偏见更让人难以应对。比如在酒桌上你经常会听见这样的说法："你们北方人就是豪爽，来，走一个！不然就是不给面子！"又比如职场上经常有人会说："女孩子心细，适合做服务类的工作，要发挥这个优势啊！"像这样的一些偏见，用的都是褒义词，表达的却是对别人无来由的限定。如果你是当事人，心里一定不会舒服。

所以，**偏见或者说歧视，虽然通常会对人造成伤害，但究其本质，却并不是恶，而是懒**。什么意思呢？因为用"类别"去判断"个体"，不管对方做什么、说什么，先贴个标签再说，这种做法虽然不够准确，但却更有效率，因此它几乎是我们应对复杂世界的必需品。

假设你是一家证券公司的老板，被法务部门的一个年轻人拦住，后者兴冲冲地说："老板，我有一个绝妙的提案，从来没有别的公司做过，绝对可以一本万利，而且我反复研究过了，保证合法！"你会怎么想？或者说，你的第一反应是什么？

肯定不会是"哇，那我们岂不是赚大发了"，而是"这么个愣头青真的靠谱吗"，对不对？而且你会继续想："别的公司也不是傻子，那么多大佬都精着呢，他们都不做，这里面一定有问题。"而且，就算你真的耐心听完对方的提案，一时也挑不出什么毛病，那你接下来又会有这样的算计：要么选择相信这个每月拿万把块薪水的年轻人居然真的就是万里无一的绝世天才，发现了整个行业所有聪明人都没有发现的机会，要么选择相信对方只是一时脑子进水。如果你是老板，你会选哪个？

选前一个，就意味着你要投入公司的资源去跟进这个项目，亏损的可能性极大；选后一个，也许有非常微小的机会错过未来的马云，多年之后悔之晚矣。而且，问题还不止于此。关键不是这一次你选什么，而是你做事的逻辑是怎样的。遇到这种"没什么资历的人号称有突破性的想法"的事情，在缺乏进一步资料的情况下，你是第一时间放下手头的事情静下心来研究他的提案，如果找不出问题就全力支持呢？还是会就算一时也想不到什么问题，但就是觉得此事不靠谱，直接把这份文件丢进垃圾桶呢？对于大多数日常事务缠身的管理者而言，答案当然是后者。因为前一个做法，就算偶尔心血来潮可以试试，但也永远不可能成为你日常做事的习惯，要不然，这家公司就什么都不用干了。

现在你想，这种因为对方人微言轻，就忽视其有可能的创见，是不是一种歧视呢？当然是。但是，如果没有这种歧视，把年轻人的观点和业内顶级专家的观点等量齐观，听到路人甲的方案，就跟听到索罗斯私下里教的炒股秘诀一样激动，有没有可能呢？当然没有。**为了效率，我们不得不牺牲一部分的正确性，这是一个残酷的真相。**

纪录片性质的电影《大空头》(*The Big Short*)里有个类似案例。少数先知先觉者，在预见美国会产生次贷危机的时候，第一反应不是觉得自己很了不起，反而是对自己进行"歧视"——我们这样的人，真的比那些赚得盆满钵满的大佬还聪明吗？会不会是我们弄错了？于是，他们专门去各地参与业内的研讨，再

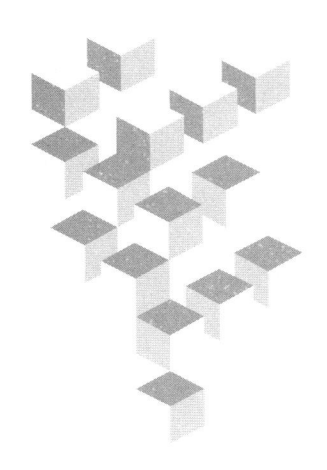

三考察实际的经济运行情况，直到确认大多数人真的是被盲目乐观的市场情绪干扰了判断之后，才战战兢兢地以"博一把"的心态选择了做空。发现没？这些行事谨慎的人，其实对自己也是充满偏见的！他们是真心觉得资历不够老、赚钱不够多，就是没别人有发言权。所以当你要提出一个跟市场上的成功人士不一样的观点时，就是需要多得多的论证。**这种表面上的"不公平"，其实很公平。**

而细想起来，这些在次贷危机中不但没有遭受损失，反而还大赚一笔的幸运儿，用他们的实际行动告诉了我们应对偏见的三个原则。

1．不对别人有偏见。比如，对于很多美国民众相信的"华尔街由一群利令智昏的贪婪者把持"这个简洁明了却太过粗糙的故事版本，他们是不买账的。即使看到了金融界主流观点的错误，也不会第一时间欣喜若狂地说："我就知道！"——而这正是很多抱持偏见者的惯常做法，也就是随时找到个例为自己的偏见做证。

2．当别人对自己有偏见的时候，第一反应不是愤怒，而是认真想一想其中的原因，并且用更扎实的工作来回应这种偏见。人微言轻的交易员，提出围绕次贷的资本盛宴里存在危机，是很容易第一时间受到讥笑的。此时他们的做法是更严谨、更全面地检视自己的观点，最终以铁的事实让所有质疑者闭嘴。当然，这不是说受到歧视的时候不能回击、不能投诉，但是归根结底，最强有力的应对是对自己的提升。事实上，职场上受到歧视的群体，往往会有一种代偿效应，会加倍努力把工作做好。而他们的奋斗，会最终扭转整个社会的观感。这是一种温和、渐进、行之有效并且值得尊敬的做法。

3. 反过来利用他人的偏见。 在次贷危机前，正是因为市场的过度乐观情绪，才使得做空有利可图。一部分人的偏见，正是另一部分人的机会，当有人因为偏见而偷懒放弃主动的思考时，积极思考的人就能获得优势。

当然，我们并不是在为偏见和歧视洗白。恰恰相反，要破除偏见，就是要先承认它在效率上的某些考虑，然后再指出它为了这个所谓的"效率"，到底牺牲了什么。事实上，偏见之所以有生命力，就是因为它能快速做出判断。然而也正是因为这样，它的判断才往往是最不靠谱的。而当偏见开始在群体中固化，慢慢成为大众的普遍认知后，又很容易造成制度性的不公平，比如录取招聘和晋升时的玻璃天花板等。一个组织内部因为这种偏见而遭受的损失，是难以估量的。进一步说，**偏见中没有幸存者，因为鄙视链经常是复杂而且相互的，当你在歧视别人的时候，别人也可能以其他的理由反过来歧视你。所以，不要偷懒，用公平的心态去看待这个世界吧。**

TIPS：

小学问：偏见源于理智的懒惰。当我们对别人有偏见时，就会忽视很多重要的信息；当别人对我们有偏见时，行动是最好的回应。

第八节
谴责受害者是什么毛病？

安全是人类仅次于生理需求的基本要求。但是，为了获得安全感，我们却往往会以"**谴责受害者**"和"**寻找替罪羊**"的心态，使自己离真正的安全越来越远。

什么叫"谴责受害者"？当不幸的事发生时，受害者本应得到我们无条件的同情。然而事实是，在礼貌地表示同情之后，我们往往会对他们产生一种复杂的负面情绪，觉得他们之所以受到伤害，应该也有罪有应得的一面。而这个新一轮的伤害，从感情上来说，比原本的不幸更让人难以接受。这种现象就叫作"谴责受害者"。

最常见的就是每当爆出女生被侵犯的社会新闻，总会有人说："唉，所以女生穿着打扮，真的要保守一点儿，不然太危险啦。"或者说："女孩子嘛，交朋友要小心，不要一个人出门，出了事怎么得了啊！"这些话，貌似苦口婆心，但是言外之意其实很明显——如果不是你穿着太暴露、晚上不回家、交友太随便，怎么会发生这种事？2012年，震惊世界的印度黑公交轮奸案发生之后，有人居然为施暴者辩护说："女孩子就像钻石一样宝贵，如果你把钻石摆在大街上，就别怪狗会把它叼走。"这个逻辑，是不是很气人？

不过你也别觉得你自己天然就对"谴责受害者"的思维免疫。问你一个简单的问题：看到这类新闻的时候，你第一时间是想知道受害者长什么样，还是想知道施暴者长什么样？不要不好意思承认，是受害者，对不对？你的本意其实不是谴责可怜的那方，甚至也不一定是因为男权思维作祟（这类案件里受害者也有可能是男性），你潜意识里真正想知道的是——他/她究竟做错了什么，导致这样一个后果？比如，看到"印度黑公交轮奸案"这几个字，你是不是会下意识地想：公交车？这也太夸张了吧？是不是深夜？是不是独自一人？是不是这姑娘太过漂亮？是不是穿着不够得体？是不是公交上没几个人而她又没留意？如果自我保护意识强，怎么会发生这种事？你看，所有这些想法，归根结底都是在说受害者本人有没做到位的地方。

那么，为什么我们会拿放大镜对着受害者，非要从他们身上挑出点儿毛病才心安呢？其实，这不是因为冷血，而是因为恐惧。剑桥大学神经科学和心理学家科迪莉亚·法恩（Cordelia Fine）对此有一段精彩的自我剖析。本来，她的研究主题恰好就是人们对受害者的谴责心态，按理说她本人不应该犯这样的错误，但是这种尴尬的事情偏偏就发生了。当时，法恩刚生完小孩不久，推着婴儿车在住家周围散步。在公园的长椅上，她遇到一位跟自己年纪差不多的女性，看自己孩子的眼神很是感伤。聊起来才知道，后者刚经历丧子之痛。然而，在这位女士诉说伤心往事的时候，法恩坦承，她并没有感同身受的悲伤，反而心里涌现出无数恐怖的指责——你这位妈妈，当时一定是没有好好地照顾自己的宝宝，肯定你是有哪里疏忽了，才导致孩子夭折。

这句话反过来说就是：你的孩子死了是你的事，跟我没任何关系，因为我不会像你那么粗心，在我身上是不可能发生这种悲剧的。当然，法恩也知道这样做不对，但是她完全压抑不住脑中的这个声音，因为她必须要让自己相信，眼前这位一定是个糟糕的母亲。若非如此，一旦意识到不管自己怎么努力，不管自己多爱怀里的这个孩子，不管愿意付出多少心血，都有可能会飞来横祸，这个压力谁又能承受呢？

所以，同样是母亲，本来应该感同身受，但是法恩却不可遏制地表现出一种攻击心态，这是面对恐惧时自保的本能在作祟。这种恐惧感强烈到，即使一辈子都在研究这种心理现象的专家，也会在轮到自己的时候，表现出"谴责受害者"的态度。

换成别的例子，道理也是一样，比如前面提到的对于受侵犯女生的质疑。虽然有大量统计事实表明，受害者的穿着暴露程度与受害概率并无关联，而且与陌生人相比，熟人作案的比例反倒更高。但是在谴责受害者的时候，没人在意这些事实，仍然会往"招蜂引蝶""不注意保护自己"这个方向有意无意地抹黑受害者。原因很简单，这是他们唯一能感到心安的方式，因为不能允许自己想到这是自己的家人和朋友也可能遇到的事情，所以他们就一定要在受害者身上找出跟自己关心的人不一样的地方，比如去不去酒吧，穿不穿短裙，爱不爱社交。总之，受害人越不完美，旁观者就越放心；受害人越无可指摘，旁观者就越是人人自危。甚至可以说，当我们在谴责受害人的时候，其实根本就不关心事实，因为我们在意的，不是真正的安全，而是安全的"感觉"。我们只是希望，通过找出受害者与"我们其他人"之间的差异，让自己能够开开心心地回到正常的生活之中去。毕竟，如果没做错事也可能会有这么悲惨的事情发生在自己身上，那这个世界未免也太可怕了。

"谴责受害者"思维再上一个台阶，就会演变成"寻找替罪羊"，这在心理学上叫"替代性攻击"，也就是为了宣泄怒火，让无辜者受伤害。 最常见的替代性攻击就是无缘无故乱发火，比如员工上班被老板骂，于是回家跟老婆吵架，老婆憋了火就打孩子，孩子去学校欺负比他弱小的同学，同学家长一生气就在办公室里骂自己的员工……负能量的传递，就是这样循环往复，无人幸免。

当然，直接发火，还只是替代性攻击最低阶的表现。因为在这种情况下，你其实也知道自己是鸡蛋里挑骨头，是因为在别的地方受了气，才会看什么都不顺眼。而更高阶的替代性攻击，表面上更温和理性，实质上则更为可怕——因为它是通过貌似理性的方式彻底把无辜者给妖魔化了。比如说，每当经济出现问题的时候，美国右翼政客总喜欢在外国人身上找理由——为什么美国失业率那么高？一定是中国人把就业机会给抢走了。为什么美国有这么多社会问题？都是因为墨西哥人非法跑到我们这里来。只要稍有常识就能知道，一个国家出现经济和社会问题，从来就不是单一的原因。归咎于墨西哥人或者中国人，这个判断本身就很幼稚。但是，很多投票的美国公民就是愿意为这种说辞买账。因为只要找到凶手，只要知道该向谁生气，他们的痛苦就会下降。

又比如说，中世纪欧洲猎杀所谓的"女巫"最疯狂时，也正是黑死病暴发最严重的时候。因为当年没人知道这病是怎么回事，只看到身边的人一个一个发病死亡，其中很多又都是一辈子没干过坏事、极为虔诚信奉上帝的良民。这怎么可以？世界怎么会是这样？于是，为了应对这种信仰上的危机，人们就找到了"女巫"这只替罪羊，把那些行为举止上有些怪异的无辜女性送上火刑架。最恐怖的是，人们不只是单纯地发泄情绪，而是为此编造了一整套的理论体系。中世纪有很多关于魔鬼和巫术的大部头著作，都在煞有介事地介绍其中的"道理"。后人看起来非常可笑，可是在当时的人看来，这就是严谨的学术。对理性的扭曲，正是"寻找替罪羊"心态最可怕的地方。

总之，**人是一种需要找理由的生物**。小孩在刚开始懂事时，不是总爱问"为什么"吗？他们可不接受"我不知道"这种严谨的说法，即使给他们一个非常胡扯的答案，也总比没有答案要好。事实上，大多数人问"为什么"不是为了求真，而是为了求安心。而在面对不幸和痛苦的时候，我们对原因的渴求就会更加强烈，特别需要有个理由来解释为什么不幸的人会是自己。

但是坦白说，**人世间很多痛苦都是我们在当时当刻找不到原因的，甚至有些痛苦根本没有办法锁定一个原因**。这种事情发生在喜剧里叫"无厘头"，发生在悲剧里叫"无妄之灾"。这就是个简单的概率问题：你问为什么是你，可是为什么就不能是你呢？你就是那么倒霉，碰上了这些不幸的事情而已。真要找背后的原因，千头万绪从何说起呢？

所以，心理辅导师在为患者解除心理痛苦时，最重要的一步就是要让他们坦然接受这个不幸运的事实。如果不能放下"寻找凶手"的心态，你的脑子里就会一直开启替代性攻击的雷达，就算找到一个可以宣泄情绪的对象，看似出了气，其实这个心结还是没解开。

总之，**人们需要安全感，远胜于需要事实**。悲剧越严重，越有可能发生在我们身上的时候，我们越是容易去谴责受害者，寻找替罪羊。清楚地认识到自己的这种倾向，才能公平地对待受害者，并且不受情绪干扰地去思考——究竟怎么做，才会使我们更安全。

TIPS：

小学问：受害者很难得到无条件的同情，因为我们会通过谴责受害者来获得自己内心的安全感。同样的道理，不幸发生时，无辜者也经常成为替代性攻击的对象。这种倾向本来是为了获得安全感，但却会让我们离真正的安全越来越远。

Chapter 3

第三章

Make a Living
——你真的理解"挣钱"这件事吗?

钱这个东西，用的人多，懂的人少。挣钱这件事，抱怨的人多，用心去理解的人少。而改变的关键，恰是在"理解"二字上。

比如，当你抱怨工作太辛苦时，有没有仔细分析过辛苦的根源到底是什么？机械性的重复劳动？情绪上的紧张和压力？糟糕的办公室政治？而其中，有哪些是你本不应承受的负担，有哪些是你本职工作的责任所在，又有哪些只是阶段性的问题，忍忍就能过去？

又比如，当你抱怨工资太低时，有没有认真想过，如果有机会让你证明自己的价值，你要从哪些角度、用什么方法去论证自己到底值多少钱？如果要给自己增值，又要从哪些方面去努力？如果你不知道自己的斤两，不知道自己的出路，不知道自己挣的是哪份钱，谁又能帮得了你？

导 言

有人说："贫穷限制了我的想象力。"这并不准确，因为问题并非出在想象力上。资源匮乏带来的窘迫感使人不能冷静客观地思考长远问题，从而限制了人的理解力。

所以，**改变应从理解开始**。

第一节
为什么有人可以"躺着"把钱挣了?

你是不是经常觉得,付出同样的辛苦,别人挣的却比你多?甚至有人真能"躺着"把钱挣了,让人很不服气。关于这点,著名幽默作家周腓力讲过一个故事。有一次,他经过街边一家服装店,看到有位老先生靠在店门口躺椅上悠哉地晒太阳。一问才知道,原来这个大大咧咧的"闲人",就是服装店老板,而店里忙进忙出的,则是他的老婆跟两个女儿。作家很羡慕,说:"老先生,您可真有福气,老婆、小孩都这么能干,您啥都不用做,就可以在这儿晒着太阳享清福。"谁知,老先生听完,不以为然地摇摇头,神秘地说:"你觉得我什么都没做?不对。其实我正在做一件最最重要的工作。"作家惊讶地问:"什么工作?"老先生神色一变,严肃地回答:**"我在承担风险。"**

这个回答乍看只是玩笑,但是仔细想想,其实也有几分道理。别看是一家小小的服装店,开在哪里,怎样装修,进什么货品,如何摆放,雇什么样的人,如何管理……稍微一想,就有无数让人头疼的细节。所有这些都是选择,而只要做选择，就一定要承担相应的风险。所以，在路人看来，老板只是在晒太阳，但在老板心里，店里生意运营得怎么样，完全是他这一系列选择的结果。这就像是程序员写好了代码，总不能说之后的系统运行就不是他的功劳，而相关的升级和维护也都跟他无关吧？你请一个咨询公司帮你出主意，肯定不会把收益的大部分分给对方，因为不管对方给你出了多棒的主意，毕竟做决策的是你，承受风险的也是你。所以，**在常见的"体力劳动"和"脑力劳动"之外，还存在着一种"风险劳动"**。

很多领导为了表示自己知人善用，常常会说"用人不疑"。可是你有没有想过，人总是会变的，人总是有弱点的，哪有什么人真的没有疑点，值得完全信任？既然如此，为什么领导还是经常标榜这句话？道理很简单，因为当领导的职责之一，就是要承担起察人和用人的责任，认准了一个人，就要充分放权使其得以发挥最大效能。如果半信半疑，想用又不敢担责，徒增组织人事成本。说白了，世上没有完美的选择。所以，如果没有愿赌服输的魄力，就不适合杀伐决断的岗位。所谓成大事者不纠结，不能"好谋而无断"，就是这个意思。因此，领导选人用人，也是一种"风险劳动"。**在不确定的世界里做确定的决策，在压力和焦虑面前保持冷静，这就是风险劳动者的基本素质。**

不过，如果你以为风险劳动只是决策者或管理者的事，那就又错了。有一些看似纯体力劳动的职业，其实也有一大部分收入来自风险劳动。比如说，同样在煤矿工作，下井和不下井的工人，待遇相差极大；同样是保洁工作，在室内擦玻璃和在室外进行高空作业，收入也大不一样。这明显不是由体力劳动的强度决定的，而是由风险劳动的强度决定的。甚至是像超市收银这样看起来跟风险沾不上边的工作，员工收入里也经常会包括一笔额外的"风险金"，就是为了应对难免会出现的短款现象。也就是说，如果因为你的大意给公司造成了损失，你得负责赔偿。但是别担心，这里的风险已经事先算进"风险劳动"这部分的收入里了。

在企业管理上，对"风险劳动"这个概念还有一个延伸性的应用。**如果你整天忙忙碌碌、日程排满，那反而说明有问题。要让自己有时间闲下来，要让一部分人经常能闲下来，去做些看似没意义却更具挑战性的事，才能产生更大的效益。**这个现象，叫作"懒蚂蚁效应"（Lazy ant effect）。蚂蚁一直都被看成勤劳的代表，但是北海道大学生物学教授长谷川英佑有不同看法。他在2002年做了个实验，将90只蚂蚁分成3组，然后在各自的人工巢穴里安装了微型摄

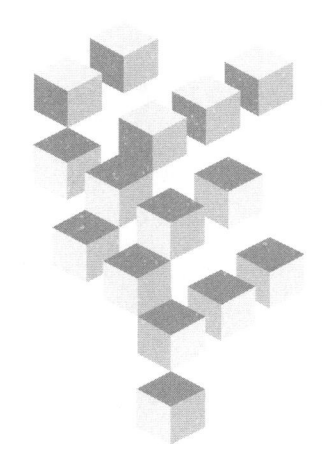

像机，观察它们的日常行为。结果发现，每个小组都有 20% 的蚂蚁其实是不做事的，要么躺着不动，要么就是在巢穴周围四处闲逛，教授叫它们"懒蚂蚁"。这就奇怪了，这么勤劳的物种，怎能容忍一群白吃白喝不干活的废物？但是稍等，它们的作用只有非常时期才能体现出来。当研究者断绝了这群蚂蚁的食物来源时，那些平常工作起来很勤快的蚂蚁立刻陷入混乱，急得团团转，反倒是那 20% 的懒蚂蚁站了出来，带领蚁群找到新的食物来源。原来，它们平时的四处游荡、玩耍，其实是为了侦察和研究。也就是说，蚂蚁在亿万年的进化中形成了这样一个群体智慧：种群要保持一部分"闲逛"的自由，在遇到危机时，才更有可能找到新的出路。

这项研究结果被管理学者形容为"懒蚂蚁效应"。意思是说，在一个机构中，一定要有一批这样的"懒蚂蚁"，不被日常事务性工作绑定，而将大部分时间用于"侦察"和"研究"，发现机构的薄弱之处，同时保持对外界环境的敏锐感知。说白了就是不遵常规、敢想敢干。反过来说，如果一个机构里全都是勤快老实的工蚁，只知低头干活不知抬头看路，那它可能看起来效率高，但是关键时候的应变弹性一定会很低。这个风险，比一部分人游手好闲不干活的风险更大。

按照现代管理学大师彼得·德鲁克（Peter F. Drucker）的说法，大部分管理者都是**"机构的囚徒"**。因为公司的每个人都可以随时来找你，而你也必须要应对所有人的需求。上级随时可能找你开会，下属随时可能找你汇报，突发情况随时可能需要你冲到第一线。这样一来，你就很容易陷入事务性的繁忙中，忙着打电话，忙着发邮件，忙着完成各种 KPI 指标。最直接的后果，就是你变成了"近视眼",只看到眼前的具体事务,没时间思考团队的前进方向。

可是,作为管理者,你要想想,蚂蚁的世界那么简单,尚且需要20%的"懒蚂蚁"时刻留神外界变化,人类社会这么复杂,又怎能只考虑眼前的工作?所以德鲁克就很直接地说:"一个管理者整天加班还嫌时间不够用,并非什么值得夸耀的事,反而是极大的浪费。"因为管理者最稀缺的资源不是人力,也不是预算,而是时间。不管日常工作多忙,也总要给自己留出反省总结和提升的时间,让自己"闲"下来。这个"闲"不是脑子放空沉迷于撸剧、玩游戏,而是不带任何具体目标地琢磨自己手头上的事。比如说,怎样理解你的用户,怎样理解市场、业态、竞品、行业趋势。这些都是"重要但不紧急"的事,看起来东拉西扯,但是战略方向要想逐渐成型,还真少不了这些工作。

再举个古代的例子,战国时孟尝君门下有食客三千,不靠谱的人居多。但是关键时刻,却总是这些"闲人"发挥大作用。比如说,孟尝君派一个叫冯谖的门客去封地收账,这位仁兄一看当地日子挺苦的,就把所有债券凭证烧了,回来跟孟尝君说,钱是没有,但我给你买来了"义"。用现在的话说,公司现金流是不错的,关键是公关形象方面有点儿问题,所以我自作主张,给你做了一波宣传。果然,不久后孟尝君被齐王猜忌,被迫回到封地,结果老百姓十分感恩,出城十里远迎,这个良好的群众基础成了孟尝君东山再起的本钱。冯谖这个举动看起来没事找事,却是未雨绸缪,给孟尝君留了条后路。用一般的考核方式怎能衡量出这一招的价值?所以,这时就需要有闲人、落闲子、出闲招,这种"闲招"从战略意义上来说又是极其重要的。

现代企业管理中也非常重视"懒蚂蚁"的贡献。有些企业会建立完备的战略规划和市场分析部门，它们不负责产出经济效益，只负责分析市场动向，为企业提供灵敏的嗅觉。还有一些企业，甚至会逼着员工不要太忙，比如谷歌，公司允许员工将自己20%的工作时间用于本职工作之外的项目。就是说，除了公司要你干的活儿，你自己也得去琢磨还能再干点儿啥。这20%的时间我出钱养着你，爱干什么干什么，这就是典型的"懒蚂蚁"。而事实证明，这个政策，是谷歌产品创新最重要的来源之一。像我们熟悉的Gmail、Gtalk等产品，都是这20%的"懒蚂蚁时间"结出的硕果。

总之，挣钱这件事，真的不一定是"一分耕耘一分收获"。忙不一定高效，闲也不一定浪费。你觉得别人是在躺着挣钱，其实很有可能只是因为别人选择了正确的劳动方式。

TIPS：

小学问：有些人看起来没你辛苦，却又比你赚得多，很可能因为他们承担的是风险劳动，或者是创造性、试探性、开拓性的工作。这种表面上的"闲"，蕴藏着事业成功的秘诀。

第二节
你知道自己挣的是哪份钱吗?

很多人对自己的工作不满,都会说一句"不为五斗米折腰"。说来也有趣,陶渊明在讲这话的时候,其实恰恰触及了一个关于挣钱的真理,那就是有些钱真的是靠"折腰"挣来的。

这句话出自《晋书·陶潜传》。事情很简单,上级派了一个督邮来视察工作,按理说应该正装晋见以示尊重,可是像这种位轻权重的小官,陶渊明觉得只是个"乡里小人",不值得自己隆重接待,但又没有像张飞那样暴揍督邮的勇气,于是就辞官归去来兮了,这个县令前后只做了八十多天。陶渊明高洁吗?当然。但是以现代眼光来看,他的问题是死脑筋,没弄清自己到底挣的是哪份钱。在陶渊明看来,当官就是"劳心者治人",靠脑力劳动挣俸禄,除此之外都是溜须拍马的小人行径。其实这话说对了一半。脑力劳动重不重要?重要。溜须拍马好不好?不好。但是在"纯粹的脑力劳动"和"纯粹的溜须拍马"之间,还存在一个具有合理性的地带,那就是"维护工作中人际关系的必要付出",我们可以把这部分劳动称为**"情绪劳动"**。

有人可能会觉得奇怪,难道忍气吞声伺候人、参加自己不情愿的应酬,也有资格叫"劳动"?那我问你:平时我们在职场上经常说的"心累",到底是累在什么地方?显然不只是工作本身,而是围绕工作的一系列难以摆平的人际关系。毕竟,同事不都是意气相投的知心朋友,领导也不都是关怀备至的带头大哥。但是为了工作,你不但要忍,还要赔着笑脸积极主动地陪聊陪玩,人情热络了,工作才好开展。这部分的劳动虽然不能直接转化成 KPI,但是你的业绩好不好,很大程度上都是由这个因素决定的。只要你处在具有层级关系的组织体制之内,就必然要面对这个问题。所以,按照这个思路,我们大可以问陶渊明,如果当官就只是脑力劳动,一点儿委屈都不能受,那你手下的幕僚凭什么没你地位高呢?他们不也一样是在进行脑力劳动吗?甚至还可以对他提出反问,如果你手下的幕僚也和你一样纯粹只提供脑力劳动,见到你大模大样、不服不忿,连个正装都不肯穿,那你又作何感想呢?

不只是对上级和同事如此,对待客户,也存在着大量的情绪劳动,最常见的例子就是客服。他们每天接听电话,主要工作就是接受各种抱怨,甚至忍辱受气。这个过程,脑力劳动的比例并不高,因为他们接听每一通电话基本都是照本宣科,按公司规定好的标准程序走,而且真有什么问题,也是转给相关部门处理。但是你换位思考一下,如果你天天收到这么多负面信息,是不是早就情绪崩溃,跟客户吵起来了?所以说,这份工作真正不容易的地方,是始终保持微笑,时刻以阳光开朗的形象示人,用最大的耐性接纳别人吐出来的苦水。也就是说,他们挣的主要是"情绪劳动"的钱。

在这方面，计划经济时代给我们留下了一个误解，就是以为服务业者都是"伺候人的"，天然低人一等。改革开放初期，很多人脑子转不过弯来，只知道第一、第二产业是实打实的劳动光荣，对第三产业的劳动价值估计不够。很多服务业的从业人员也不理解自己的工作中包括"情绪劳动"，在他们看来，事情是要做的，但是对客户的好脸色是没有的，因为这不是分内工作。所以经常有人调侃，说在那个时代，服务人员才是大爷，去趟商场、饭馆，倒像是去求人。随着市场经济迅猛发展，这个观念逐渐被扭转过来，今天我们看到的现实是，服务业在中国 GDP 中的占比已经超过一半。

明白了这一点，你就可以从一个更全面的角度来认清自己现在的工作，知道它主要创造的价值在什么地方。举个例子，曾有一位在出国留学中介机构工作的朋友跟我们抱怨，很多来帮孩子报名的家长很难应付，有各种意想不到的要求甚至刁难，一点点不如意，就会把他们骂得狗血淋头。有时候他实在受不了，就会萌生退意，觉得这份工作太没有价值，凭什么受这个窝囊气？

我们的开导方式也很奇特，不是给这位朋友灌鸡汤，拿些诸如"世上还是好人多""看开点儿总能熬过去的"之类的套话来安慰他，而是直接问了他一个问题："那你觉得你这份工作的本质是什么？你真正产出的东西是什么？换句话说，你挣的到底是哪份钱呢？"他回答说："不就是帮人家申请外国的学校吗？我在这方面更专业，挣的当然是专业的钱啊！"

这么想不错，但只说对了一半。因为申请海外学校这件事其实并不一定要找中介，人家只要不怕麻烦，也可以自己去领证填表自己办，充其量是因为你的知识和经验比较丰富，所以额外付你一个咨询服务费。但是中介费敢收这么高，客户也愿意花大价钱的真正原因，其实是"少操心"。像申请留学这么重要、麻烦，同时又充满不确定性的事，交给别人来办自己才不会那么紧张。由此而论，"缓解对方的情绪"不是额外付出，恰是你的本职工作。有意识地做好自己分内的情绪劳动，是在这一类行业里成功的关键。

以上这些分析，并非叫你忍气吞声，而是让你想清楚自己的职责。很多烦恼都是这样，一旦认清它其实是你必须付出的成本，也就没什么好烦恼的了。想想看，同样是情绪劳动，如果别人以一种积极心态去面对自己的分内事，而你总是牢骚满腹、不情不愿，觉得这是额外付出，那看起来是做一样的事，别人进步比你快，挣的比你多，有什么奇怪？

既然除了脑力劳动、体力劳动，还存在着"情绪劳动"和前面提到的"风险劳动"，那么相应的，所谓"工作能力"，也应该根据工作性质的不同来进行评估。

在这方面，很多人都有一个误区，就是把工作能力当成一项静态的和绝对的指标，以此认定别人跟自己能力相同，所以就不应该挣的比自己多。但是这样比较起来，你难免要失望，因为有大把跟你学历差不多、资历差不多，甚至连毕业学校都一样的人，在面对工作的时候，比你更加游刃有余，有更大的发展空间。当你遇到这种看似不公平的现象时，要知道，这很有可能是因为对方比你更善于自我定位，使自己的能力发挥了最大效用。而这就需要围绕具体工作的性质，用综合性的思路来进行自我评价。

首先要指出，**工作能力不是孤立的，不是像考试时那样，每门各有一个单项指标，而是一个综合考量，有所侧重的体系性认知**。换句话说，工作能力不是为了让你在某个项目上把人比下去，它唯一的目标就是把事情做好。所以，任何一项能力单独拿出来都是没有意义的。一般来说，由于每项具体工作都是脑力劳动、体力劳动、风险劳动、情绪劳动的综合体，所以对于所谓的"工作能力"，也要综合考虑你的工作要求才能做出判断。

就拿我们《小学问》这本书的出品公司"米果文化"来说，课程总监黄执中，智商高、想法多，脑力劳动这方面能力极强，我们的产品基本上都是围绕他的理念来设计。可是，既然这么聪明，让他当CEO好不好呢？不好。因为公司的日常管理需要天天上班，有很多琐碎的事要处理，而他的情绪劳动能力极差，心里一觉得烦，少爷脾气就会发作，抛下一切去打电动，谁也没法逼他干活儿。反过来说，米果文化CEO胡渐彪正好极其自律，非常抗压，什么也影响不到他的心情，情绪劳动的能力极强，所以整个公司上上下下的事，正好都可以交给他来统筹。至于风险劳动，也就是"干赔了怎么办"，这是董事长马东老师最需要操心的事，而马老师最厉害的地方，就是他在重大问题上的冷静和果断。

所以你看，每个人对自己能力的评估，都是依照工作要求来进行的，而且都是综合性的，不至于人人争当CEO，个个想当董事长。有这样的思路，才能对自己进行正确定位。天生你材必有用，看你会用不会用。很多乍看起来根本不重要的能力，真做起事来反而会变成重点；很多你觉得好到爆炸的能力，也不一定就能让你适合一个岗位。那些天天念叨怀才不遇却始终一事无成的人，如果不是自大，那就一定是因为点错了技能树，没有在正确岗位上发挥自己的天赋。

进一步来说，**理解自己的工作性质，也能帮助职场新人尽快度过迷茫期**。举个例子，有人来信问我们："我的领导有强迫症，老是在我对新事物进行了解之前就告诉我方法，顺带数落我一下，我表示压力好大，觉得自己智商是负数，越来越怀疑自己是不是真的适合这个岗位，我该怎么办呢？"发现没？这位同学的困惑就是因为误解了劳动的性质，从而也误解了自己的能力。一个新人有不懂的事很正常，可是你在职场上求指导，跟在学校里不同。时间有限，任务优先，你的领导不可能等你自己想明白了然后再教你，而且也不可能永远和风细雨完全不数落你。所以这位同学真正的问题不是"智商是负数"，而是情绪管理能力不足，说白了就是太玻璃心。而真正应该努力的方向，是加强情绪劳动能力。特别是如果你的本职工作就是秘书之类的助理性职位，那你更要注意培养自己这方面的能力。知道问题出在哪里，才有前进的方向。

再进一步说，**能够把脑力劳动、体力劳动、情绪劳动和风险劳动以特别的方式组合起来，也可以成为你在职场上出奇制胜的法宝**。比如说，作为脑力劳动者，想要成为最顶尖的专业人士，难度很大。但是，如果你在脑力劳动的基础上，还能再加上情绪劳动方面的优势，那么同样是技术人员，你就会是唯一一个比较能耐得住性子，能跟什么都不懂的甲方仔细沟通，讲到他们懂的人。而这种既懂技术又能顺畅跟客户交流的技术人员，就会比普通工程师值钱得多。再比如说，很多羡煞旁人的金融和咨询行业的金领经常会抱怨，说自己从事的其实是"体力劳动"，这还真不只是开玩笑。因为他们的工作看似光鲜亮丽，学历门槛高、专业性强，可是入行之后，真正比的不是脑力，反而是谁更能持续高强度地工作，谁更能加班、更能出差、更舍得玩命，这就变成了拼体力的游戏。可怕的既不是脑力也不是体力，而是别人拿出体力劳动的架势，来跟你拼脑力劳动。

总之，评估自身能力时一定要注意，你越是能组合各项能力，就越是能找到自己的独特优势。而要正确评估自己的能力，就必须摆脱学生时代那种按单项分数排名的思维，以一种综合性的、有针对性的思路，围绕具体的工作要求进行自我评价。这样你才能知道自己强在哪儿，弱在哪儿，有什么地方是自己的独特优势。

现在，你清楚自己要挣哪份钱了吧？

TIPS：

小学问：除了体力劳动和脑力劳动之外，还存在风险劳动和情绪劳动。相应的，评估你的工作能力，也要考虑这四种劳动的组合方式。想清楚你挣的是哪份钱，才能发挥自己的独特优势。

第三节
你的待遇是高还是低?

谁都想加薪,可是,如果老板哪天突然问你:"你觉得自己值多少钱?说得出来,我就加给你!"你是不是会突然愣一下?

这就很有趣了,很多人都对现在的待遇不满,可是又不知道自己的感受是否有依据。所以,你急需做两件事:第一,通过对市场以及特定公司的调查,了解你所从事岗位的平均薪水,从而评估当下自己的薪酬水平。第二,结合个人情况以及市场发展,预估自己未来薪资的上升空间。

第一点:如何评估当下的薪酬水平?

现在的很多公司,同事之间都不能打听对方的薪水,这导致很多人以为获得有关自己薪酬的确切定位很难,其实并不是。除了"托人打听"这样的老办法之外,只要掌握人力资源部门常用的三样工具:薪酬报告、招聘网站、面试了解,你也可以很轻松地定位自己的薪酬水平。

薪酬报告包括对标报告和行业报告。前者是指"同档次的其他公司薪水状况如何",后者是指"这个行业的普遍薪水状况如何"。人力资源总监往往会从薪酬调研公司购买这类数据,通过和目标公司的薪酬对比,了解本公司在市场上处于什么位置。这种对目标群体公司做的分析报告,叫作薪酬对标报告,针对性较强,售价不菲,往往也是保密的资料。但是这里有个捷径——如果你们的薪酬曲线处于市场的 50 分位以上,也就是比调查到的 50% 的公司的薪酬都要高,那你的领导或者人事经理,应该会忍不住拿这个说事:"我们的工资是高于平均值的!你们还有什么不满意?"可是,如果他们从来不提这件事,那你基本上就可以判断这家公司的薪酬并不怎么样。另外,你还能搜到很多不保密的垂直行业内的薪酬调查报告,比如汽车行业、地产行业、金融行业等。但是因为这个数据缺乏目标公司的针对性,所以仅供参考。

上招聘网站进行职位搜索。比如搜下"市场经理",看看本地三五家和本公司处于同一水平的职位,差不多就知道自己的薪酬处于什么水平了。当然,这样的方法并不能给你一个特别精确的结果,你永远也不知道自己到底击败了全国百分之多少的用户,但这并不重要,也没必要纠结。因为每个公司的付薪哲学是有差异的,有的主张重视服务年资,有的重视绩效,有的重视能力,所以你很难做到对某个公司薪酬体系完全了解,但是我们基本上可以以年为单位,了解一下工资的数值加上年终奖和福利的数字,就得到了全年的大概水平。

"面试",这一点往往会被人忽视。其实,很多时候薪资待遇都是可以商量的,而面试就是这样一个当面商议的场合。从人力资源部门的角度说,他们接触的人多了,自然会对求职者的预期有一个普遍性的了解,用人单位也就能相应地调整自己的薪酬水平。反过来说,求职者在参加面试的时候,多跟 HR 聊聊他们对你的预期，他们能接受的最高薪资水平，对你个人的身价定位也是非常宝贵的信息。特别值得一提的是，一般来说，跳槽时，在你当下薪酬的基础上提升30%是比较合理的，你也可以以这个比例去推算自己的实际身价。

第二点：如何预估自己未来薪资的上升空间以及发展节奏？

这跟职位的薪酬组成有关系，主要有个人因素、外部因素、职位因素。个人因素好理解，无非是学历、能力、资历，智商、情商、财商什么的。外部因素，是指所处行业和市场地位。简单来说，资本密集型企业 > 知识密集型企业 > 技术密集型企业 > 劳动密集型企业。所以领先的是地产、金融等资本密集型行业，其次是互联网行业。如果你的公司行业没在这几种里面，而是传统的服装制造，甚至媒体广告等行业，那你的职位薪酬水平在整个人力资源市场上应该不会太高。如果不想换个行当，那就只能接受了。

而市场地位指的就是企业的行业排名，一般来说，行业排名靠前的，往往拥有更高的薪酬支付能力，所以如果你的公司不是行业内部的前几名，那你的薪酬水平可能也不会太高。至于职位因素，主要是指对教育水平的要求和相关岗位的管理职责。如果某个职位要求较高的学历水平或者资格认证，那薪酬应该会略高于其他职位，一是考虑到教育补偿的原则，二是高级人才的总量不足。而如果管理职责的要求比较严苛，相应的薪酬也会比较高。

不过，在评估薪酬时，还有一个常见误区，那就是忽视"隐性薪水"。实际上，除了看得见的薪酬和福利之外，还有一些隐性的损益也需要算一算。把这笔账算清楚了，才算是对自己现在的工作有足够的了解。总的来说，"隐性薪水"分为两部分：品牌附加值和业余时间。

先说**"品牌附加值"**。你的个人是一个品牌，你的公司也是一个品牌，大多数情况下，都是公司为你这个品牌增加附加值，这个价值，就是你的隐性薪水之一。我们上学时常说一句话：今天我以学校为荣，明天学校以我为荣。前一种情况是指你在当学生时，名校的品牌价值提升了你的个人价值；后一种情况是指当你已经功成名就时，你个人的名气倒是可以为学校加分。一般人以能上耶鲁为荣，而耶鲁是以自己出了很多总统为荣，就是这个道理。当然，我们大多数人还不至于达到后一种成就，所以更多考虑的，应该是雇主能为我们的个人品牌增加多少优势。大家都愿意去知名企业、政府机关，很大程度上就是看中了这个附加价值。就算当时待遇不怎么样，以后在跳槽或者创业时，都会有加成效应。更具体地说，在贷款买房、申请签证等一些涉及信用体系时，这些知名企业的工作履历会给你加分不少，降低不必要的其他证明和手续。一些知名企业有时还会和某些学校存在共建合作关系，将来自己的孩子入学也会有一些政策上的照顾，更不用说很多大学里的教授子女都在该校的附中或者附小上学，这应该是为人父母的职场人最关注的一点，折算成现金的话，相当于一笔不小的加薪。同时，在知名企业也更容易获得一些结识某些行业知名人士的机会，如果你有自己的未来规划，说不定这些人际关系将来就能帮得上你。

有人可能会问，那这种品牌增值效应所带来的隐性薪水该怎么算，或者说如何量化？其实经济学家也是有办法的，他们会把相同工作时间和资历要求，放在不一样的平台工作所需的薪水进行比较，大致就是公司为个人带来的品牌溢价了。比如说，想招到同一个级别的人才，三流大学开出的待遇往往比名牌大学要高，这就是因为名牌大学本身能为它的老师增值。这些隐性福利会在日后逐渐显现，而你把这个差价算出来，就是市场约定俗成的隐性薪水。反过来说，把市场普遍接受的隐性薪水加上你现在实际拿到手上的钱，就可以算出你现在真实的所得到底是多少。

　　这里有两个观念值得注意。第一，薪水的计算是动态的，你要看未来的增长预期以及其他的变现渠道，而这必须要找到业内人士咨询才可以，只看工资条是不行的。最好是找个愿意倾囊相授的前辈详细咨询，了解这个行业所有可能的收入来源，以及未来的增长空间。第二，经济学家经常会说："别在意人们说什么，要看他们在做什么。"几乎所有人都会抱怨待遇低、工资少，但是你要看的不是这个，而是实际上的跳槽比率。如果一个行业或一个公司明显挣钱少，可是员工待遇却比较稳定，也没什么人跳槽，那你就要注意了，这里面一定有

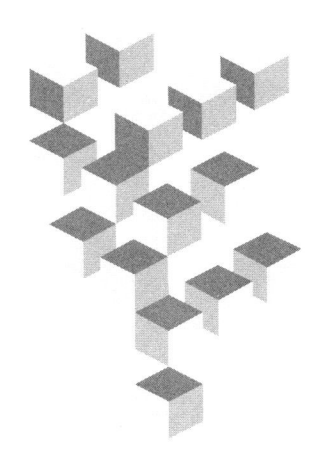

某种"隐性薪水"存在。

当然，这里还存在一个个人选择的问题，比如有些人就是喜欢名企的氛围，沉醉于出差必住五星级酒店的排场；有些人则是更喜欢现金激励，就算生活不光鲜也要落袋为安。又比如，有些人更注意当下的收入，有些人更在意日后的变现，还有人更注重子女教育，这些都因人而异。但是首先你得明白隐性薪水的存在，以及它变现的可能性，才能做出对自己最有利的决定。

除了刚才说的品牌价值，隐性薪水的另一个重要组成部分是**业余时间**。总的来说，能为你提供更多业余时间的公司肯定是值得去的。特别是对于有创意、有想法，能在业余时间给自己增值的人来说尤其如此。刚上班的小年轻因为没有自己的生活，可能会觉得业余时间无所谓，对于加班时间和离家远近也不挑。可是对于事业的长期发展来说，这其实是在损失一笔很大的隐性薪水。当你把上下班通勤时间、个人健康上的损耗，以及由于没有充电时间所损失的机会成本都考虑在内，很有可能这份工作不但不是在赚钱，反而是在赔钱。

这里教大家一个简单的计算方法，那就是**别算年薪，别算月薪，要算时薪**，而且不是严格意义上的工作时间，而是所有跟工作相关的时间。你可以给自己做个精确的时间记录，坚持一个月，把所有与工作相关的时间，比如路上损耗的时间、加班时间、下班之后在家工作的时间、无聊的工作应酬等都算进去，然后用你的工资当成分子除一下，这才是你真正的时薪。这样算下来，其实很多外表光鲜的行业，看起来都没那么诱人，而一些看起来毫无吸引力的职业，反而让很多有抱负的人容身。比如很多作家在成名之前，都曾做份闲差度日，如果不是因为职业特点，他们根本不可能有时间进行创作。

这种隐性薪水对于有才华的人来说特别重要，这也并非不务正业，而是在工作之余，还在追求自己热爱的一些梦想，给自己制定学习和工作的小目标。如果你没有时间，就没办法认识和拓展新领域，点亮新的技能树。虽然也不是强求每个人都这么做，但是如果你不把隐性薪水算进去，就不知道自己牺牲了多少机会成本。

TIPS：

小学问：想知道自己值多少钱，你可以反过来想想 HR 是怎么确定你值多少钱的。想知道未来有多大发展，除了个人因素之外还要看外部因素和职位因素。另外，千万不要忘记隐性薪水的存在。

第四节
工作让人烦，你该怎么办？

上班真的很难让人快乐。最可怕的还不是工资低，而是看不到希望，觉得自己现在的工作学不到东西，只是在低水平不断重复，没有上升空间，这就是所谓"高频重复工作"的噩梦。

这种想法当然无可厚非。但是你需要认真思考一个问题：**高频重复工作很可能是职场起步时的"必要之恶"。**也就是说，虽然谁都不喜欢，但必须得这么做，不然会有更大的问题。有人可能会不服气，没有成长，难道还要硬扛？可是你要明白，初入职场时，很多事本来就不是为了让你成长，而是为了展现你的修养、耐心、意志力以及心智成熟度。连孙悟空这种上蹿下跳的角色，都硬是先在菩提祖师门下干了七年杂活才学到真本事，这种心性的锻炼，谁又能少得了？很多时候，老板先要通过细节上的工作态度，来判断你是个什么样的人。一次又一次看起来雷同的烦琐任务，其实都是考验的一部分。太介意工作的重复性，不仅会被领导评价为浮躁和缺乏弹性，还会错过职业生涯发展的最好时机。进一步说，高度分工的商业社会，其实每个人都在做着重复性的工作，只是重复周期不同而已。有人每天处理 200 张单据、装订 300 份合同、打 200 个面试邀约电话，这是短时间内的重复。负责招聘的 HR 每年到了秋天就要开始做全国高校巡回招聘，学校的老师带完一届后又是新一届学生，要备课的知识点依然没变，这些都是周期稍长些的重复性工作。与其羡慕别人为什么能有敏锐直觉和识人之明，为什么讲起深奥的道理能够如数家珍、信手拈来，还不如从这些重复性的工作入手培养自己的能力。

高频次重复性工作会让你的大脑形成惯性的从应激到反应的直接通路，把别人必须要在有意识状态下进行的工作，切换成在无意识状态下也能完成的工作。这就好比我们第一次学车时，总是战战兢兢、全神贯注，一年之后，刹车、转向灯、起停车，都几乎不用思考，一边跟朋友聊天一边开车照常没问题。这就是高频次重复带来的能力。

面对进阶性的工作，这种无意识思维的锻炼还有更大的意义。比如说，如果在一个大公司从事人事管理、行政管理等事务性工作，虽然也是高频重复，但可以积累对这个领域的敏感度，结合自己在工作中的学习，很容易成为一个领域的技能高手和专家。像那些王牌飞行员，总是标榜自己有几千个小时的飞行时间，就是这个道理。

当然，谁都希望自己能做一些更有创意的工作，而且一般来说，重复性的工作所需技能较低、替代性强，收入也相对较低，更容易形成习得性无助和工作倦怠。那么，怎样才能更上一层楼，得到那些进阶性的、更有创意的工作呢？

这里你首先要明确一个概念，叫作**"有为才有位"**。也就是说，你先要做出这样的工作，才能得到相应的认同。比如我们有一个朋友，刚工作时做培训助理，做内部开发课程的评审工作，一个典型的高频重复工作，因为他所需要的只是机械地抄表算分而已。可是这个人比较喜欢动脑子，他发现之前的评价标准过于粗放，仅有课程、讲授两个维度，于是他琢磨好久，搞出一个评分表，里面增加了创新性、实用性、覆盖率、电子化等多个维度，针对不同类别的课程设定差异化权重比例，给几个咨询公司的专家看，一致点赞。这就是在低水平重复工作里自己给自己创造机会。如果你的工作也很粗放，不妨用分析式思维，解构工作目标，让管理更加精细化、品质化。

当你不满意高频重复工作的时候，要知道两件事：**第一，高频重复工作也有自身的合理性，在某个阶段你甚至必须忍受；第二，如果你想从事进阶性的、更有创造性的工作，必须清楚意识到它所带来的压力和挑战，并在现有工作之中，先给自己找到机会，展示出自己的创造性，再谋求进一步的发展。**

前面我们提到一个概念，叫作"工作倦怠"，这是高频重复劳动最大的副作用，也是工作让人心烦的主因。这个概念源自纽约大学的一项心理学研究。在对服务业和医疗领域的研究中，人们发现这些社会服务性职位需要较多的情绪性工作，面对较多人际压力源，长年精力耗损，使得工作热忱容易消退，进而产生对人漠不关心以及对工作持负面态度的症候，也就是所谓的"工作倦怠"。说得形象点儿，如果你每天下班到家往沙发上一躺，觉得万念俱灰，压根就不想动，对于今天的工作得失，放假到哪儿去玩一点儿兴趣都没有，那你很可能就是工作倦怠了。有人总结了个顺口溜，说它的典型症状是：早晨不想起床，上班像赴刑场，工作缺乏冲劲，挫败焦虑紧张，不想朋友社交，害怕电话声响。有人可能会说，这不就是懒吗？还真不是，二者的区别在于，懒是一种持续的性格特征，而工作倦怠则是阶段性的心理改变。比如以前日以继夜地加班，现在上班懒懒散散；以前信心十足，现在畏首畏尾。怀疑工作的意义，怀疑自己的贡献，怀疑自己的能力。不单是看工作不顺眼，甚至是看自己都不顺眼。

造成工作倦怠有三个原因。第一，工作没有乐趣和成就感。第二，工作获得不了奖励与回报。第三，工作获得不了足够的尊重与认可。而相应的对策也有三条。

第一，面对工作缺乏成就感的情况，应对的方式是寻找适合的位置。

如果你想要解决无助和失控的感觉，最简单的做法，就是换个环境，找到合适你的位置。这时不管是在公司内部申请调岗，还是换一个新公司甚至是新领域，最优先考虑的不是薪资、职位或未来发展，而是要看这个岗位是不是能给你提供更完整的工作体验、更充分的自主空间。具体来说，如果你是野心勃勃、怀才不遇要跳槽，那当然第一考虑的是成长空间；可如果你是因为动力不足、工作倦怠想换个环境，那么新公司或新部门的组织氛围、领导风格、人际关系等才是你最应该在意的。

第二，面对工作缺乏回报的情况，应对的方式是转移兴趣点。

如果工作不开心，暂时又没法改变，其实也不是什么大事。李安到 30 多岁才拍出第一部电影，你急什么？工作不能给你足够的动力，那就在工作之外先去培养某一方面的兴趣，比如摄影、运动、乐器、旅游、书画，多学门外语也不错。关键不是你学什么或者玩什么，而是每一项有意义的活动都能提高你的自我认知，学习的过程不仅会促进积极的人际关系，也会提高某些领域的自我效能感。这种自我效能感，是可以迁移到其他领域的。

第三，面对工作缺乏认可的情况，应对的方式就是寻求差异化定位，培养专业上的自我效能。

刚才说到，工作倦怠主要是因为人际压力和情绪性的消耗，比如同事关系不好、上司给你穿小鞋、有人抢你的功劳。这些事说大不大说小不小，不好发作但又特别烦人。想认真解决，人家可能觉得你小题大做；如果置之不理，又会一点一滴地磨灭你的工作热情。既然如此，不妨试着把关注的重点从人际关系转到给自己充电上来，别人不认可你，你自己要找到办法认可自己，这就是所谓的"差异化定位"。

在职场上，大部分工作职位都是更看重工作中的经验和执行力，知识本身的重要性反而没太多人会强调。实际上这是有问题的，那些外行领导内行、职业后劲不足的情况，都是这个原因。极端一点儿的，还会出现只搞办公室政治，忽视整体业绩的恶性氛围。这时，想不被环境带坏，就得给自己不一样的定位。无论哪个行业，只要你在工作之后仍然能保持专业学习的习惯，就能比那些一头扎在具体事务中的同事笑得更久，取得更高的成就。而且最妙的是，专业学习这种事跟一般工作不一样，它是一分耕耘一分收获，学到哪里就是哪里的，不太可能出现让你产生挫败感的情况。对于因为缺乏他人认可而产生的工作倦怠，正好对症下药。

总之，当你出现工作倦怠时，不管是离开现有岗位还是改变自己，目标都是增加成就感，让自己的心态积极起来。在这个总原则下，你可以考虑换领导，换部门，换公司，转移兴趣，给自己充电。但是不要忘记，万变不离其宗的是要切实感觉到自己的成长。

TIPS：

小学问：高频重复工作，虽然是新人必不可少的磨炼，但也最容易产生工作倦怠。你可以根据具体原因的不同，用换位置、换兴趣点、差异化定位这三招来提升自己的成就感。

第五节
怎样不被贫穷限制想象力？

多少年来，全世界的穷人都在思考一个共同的问题：为什么我这么忙，却看不到摆脱贫困的希望？所以，当《穷爸爸富爸爸》这本现象级畅销书在1999年提出"财商"（Financial IQ）概念时，很多人都觉得豁然开朗——原来，**改变对财富的认识，是如此重要的一件事啊！**

不过也有人质疑，改变想法真的就能改变财务状态吗？如果真是这样，世界上怎么可能还有穷人呢？的确，这本书里提出的很多具体做法，比如零首付、多买房什么的，不一定在所有阶段都对所有人适用。而且作者罗伯特·清崎（Robert Toru Kiyosaki）本人也有过公司破产和拖欠债务等不良记录。但是，诸如"富人让钱为自己工作""分清什么资产和负债"这样一些观念，的确是非常重要的。事实上，财经新闻里经常提到的"高净值人群"（HNWI），也正是按照"可投资资产超过100万美元"这个方式来界定的。也就是说，"有钱"的定义，不是单纯的"钱多"，还真就是"钱能生钱"。

那么，既然"财商"这么重要，我们应该从何学起呢？最基本的，其实还不是如何省钱、如何投资之类的具体问题，而是**思维模式的转变**。简言之，就是你如何看待"利弊"这回事。先建立起正确的利弊分析模型，才能在此基础上处理好有关经济利益的事情。有人可能会觉得，利弊还不好比较吗？趋利避害、兴利除弊是人的本性啊！其实，你这么想，就已经陷入一个误区了，那就是忽视了利弊的共生性。我们日常在衡量好处和坏处时，往往有一个错误预设，那就是利弊权衡到最后总有一个最优解。然而**很多时候，好处与坏处都是一体两面，你要得到优点，就必须承受缺点**。也就是说，它们往往不能被拆开来放到天平的两端，而更像是跷跷板，一端沉下去，另一端就翘起来，得到的好处越多，相应的坏处也会随之浮现。成大事者正是因为他们往往能本能地意识到这一点，在选择利益时也能承受代价，不会像普通人那样患得患失，最后反而一事无成。

要理解这一点，我们不妨来做个思想实验：想象一家"完美的牛肉面店"。

如果我告诉你，有一家非常棒的牛肉面店，货真价实不惜工本，味道好得不得了。那么，像这样好吃的牛肉面，可能会有什么缺点？很容易想到，就是贵，对不对？好吃的牛肉面，成本就会比较高。而且既然这么好吃，一传十十传百，名声起来了，也会产生品牌溢价。而这一切的结果，最后就是一个"贵"字。但如果，我不想承担这个缺点，我想要一家"完美"的牛肉面店，所以同样是这家的牛肉面，现在不但东西好吃，价钱还很便宜，物美价廉，那这时候，这家店会有什么缺点呢？也很容易想到——顾客会非常多，要排队。而且越好吃、越便宜，队伍就越长。不想多付钱，那就得多付出时间，这很公平。不过，如果我连这个缺点都不想承担,我还是想要一家"完美"的牛肉面店,那么同样是这家的牛肉面,现在不但东西好吃,价钱便宜,而且去吃面的时候,完全不用排队,那这时候,它又会有什么缺点呢?卫生不好?环境不好?位置不好?服务不好?……稍微有点社会经验的人,都会想象出一大堆的理由。道理很简单,世界就是不完美的,牛肉面店又怎么可能完美?货真价实、物美价廉、服务周到热情、干净卫生、交通便利……拜托,你睡醒了吗?利弊往往共生,关键的不是比较利弊,而是做出选择。你要么不在乎钱,要么不在乎时间,要么不在乎风险,唯有如此,你才能排除竞争者,吃到"对你而言"最好的那碗牛肉面。不存在谁对谁错,只是优先级不同。所以,当你看不懂某个经济现象的时候,一定要多想想,是不是存在某些你还不知道的选择机制。奢侈品为什

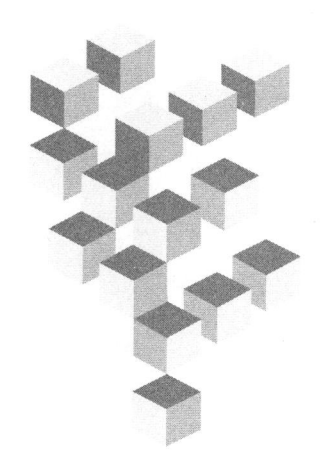

么那么贵？房价为什么一直涨？互联网公司为什么敢烧钱？所有这些问题，你用这种"利弊共生"的思路去想，就能理解其中的合理性，而不至于只是气呼呼地抱怨世道不公。

另外，关于利弊分析的模型，还有一个决定性的因素也不容忽视，那就是你的**观察角度**。人们往往只从某一个角度出发去思考问题，忘记了从别的角度看还有很多别的利弊可能。很多时候，一些道德的、情感的，甚至是偏见性的因素，会让我们有意无意地忽略很多方面的利益，没办法理性全面地分析问题。2012年，纽约曾有一个引起热议的立法，就是禁止在电影院等公共场合销售大杯的含糖饮料。立法者的理由当然很充分——用小杯喝饮料，每次就会喝得比较少，不那么容易引起肥胖，怎么说都是利大于弊。可是，还真有人跟这个法令较真。他们认为，这里所说的"利大于弊"，其实忽略了很多隐性的利益，因为你只从公共服务者的角度看问题，只看到减少肥胖促进健康带来的好处。可是请问，你有认真想过大杯大杯地喝可乐的"爽感"到底值多少钱吗？换成小杯喝，中间产生的感觉差异，又值多少钱？由此带来的心情变好，又能换算成多少利益呢？如果喝到一半没了，带来的抓狂感又相当于多少钱的损失？这样一算，这项禁令很可能就不是利大于弊了。这就是角色的代入感，决定了你的利弊模型。

很多人说：现在年轻人下班回家就知道玩手机打游戏，不求上进，把时间都白白浪费了！可是你忘了，从每天累得半死的年轻人的角度来说，"放松心情"这件事情，本来就是很大的利益。不把这个算进来，当然搞不懂他们为什么这么"丧"了。那么，这么简单的道理，为什么大多数人会看不见呢？原因很简单，因为在他们眼中，所有那些不具有道德正当性的利益，也就是不能高大上地拿出来说的利益，都不算是利益。而你只要有这样先入为主的好恶和筛选，在经济学上肯定就是不合格的。**穷人思维一个很重要的弊端就是只从最简单的单一角度，也就是对错好坏的角度看问题，忽视利益的复杂性，从而对社会现象背后的真实动因产生误解。**

总之，坏消息是，贫穷的确限制了你的想象力。但是反过来，好消息是，想象力也会限制你的贫穷。穷则思变，而这个"思"，本身就是改变现状的起点。正是因为物质和机会的匮乏促进我们思考，我们才不至于一直穷下去。想改变？从提升你的利弊分析模型做起吧！

TIPS：

小学问：摆脱穷人思维，首先要避免利弊分析的常见误区，注意利弊的共生性，拓宽分析利弊的新视角。

Chapter 4

第四章

Stay Fit
——如何拥有自律的人生?

缺乏自律，问题到底有多严重呢？

根据美国医学会（AMA）2004年的一项统计，注意缺陷多动障碍（ADHD）给800万美国成年患者造成的收入损失，每年超过770亿美元，比毒品和酗酒更严重。而这项研究还只是针对被判定为心理障碍的成年人，如果算上一般所谓的"缺乏自律"的人群，损失更是难以想象。

的确，生活中最让我们沮丧和痛苦的，往往不是什么了不起的大事，而是减不了肥、起不来床、不能专注学习等一些日常生活中失控的小事，也就是"管不住自己"。更可怕的是，缺乏自控力带来的沮丧，会进一步产生逃避行为，而这种逃避行为本身，又会引发新一轮的沮丧，陷入"焦虑引发焦虑"，越来越讨厌自己的恶性循环。所以，当我们说到成功者的共同品质时，第一反应，往往都是"自律"。

然而，对于自律，存在很多误区。最常见的有两个：**1. 自律是成功的原因。**

导言

2. 自律，就是要对自己狠一点。前者的问题，是**因果倒置**。自律是一系列正确自我规划的结果。也就是说，并不是先自律，才能做正确的事；而是先做正确的事，才能成为一个自律的人。如果指望自己凭空先有"自律"这项意志品质，然后再来启动相应行为，你就会永远停留在空想阶段。后者的问题，则是**把"自律"和"他律"混淆在一起**，希望像驯兽师靠皮鞭和食物来训练狮子钻火圈一样，靠惩罚和激励来自己驯服自己。然而首先，皮鞭在你自己手里，不管决心有多大，对自己下狠手毕竟是比较困难的。其次，人的意志力总会松懈，特别是在那些需要持之以恒的事上，稍不留神，瞬间就会被打回原形。就好比减肥，坚持了 24 个小时，结果放松 5 分钟，吃个蛋糕，一切彻底白费。

所以，"小学问"要教你的自我管理技巧，**不是怎样励志，而是积极心态的科学建构。**

第一节
想自律？你连因果关系都弄错了！

世界上最没出息的句式，就是"要是……就好了""要是我能少吃两口就好了""要是我能坚持运动就好了""要是当年能多读点书就好了"……无数的懊恼，都源于缺乏自律。也正因如此，你去任何一家书店，都能找到一大堆自我管理类畅销书。**它们讲的其实是同一个故事，大意是：只要按书里的做法，养成自律的好习惯，就可以达成一切目标。**这种观念在生活中十分常见。人们通常会认为，像"自律"或"自控力"这种东西，是可以后天培养的。就像下棋、跑步、跳绳，只要经过适当的步骤和时间，就能锻炼出来并且内化于心。而一旦你掌握了这种品质，就像是练成绝世神功，从此走上人生巅峰。这个逻辑看起来很励志。可是，反过来想想就会发现，它的另一面，恰恰是一种常见的失败者心态，把"缺乏自律"当成借口，来解释我们所有的失败。而这种思路，不但不能帮助我们解决问题，反而会让我们回避真正的问题所在。

"自律就能成功"是一个似是而非的说法。**对于那些还没有养成自律习惯的**

人来说，想要变得自律，就不能把自律当成原因，而要把它当成结果。 比如说，我们经常会觉得自己有"拖延症"——之所以不能及时完成工作，之所以管不住自己，都是它在作怪。可是，找到这样一个所谓的原因，真的有助于解决问题吗？并不会。它只是在固化你错误的自我认知，降低你的自尊水平，最终导致自暴自弃。因为当你把所有"症状"都归结为这个原因，并且想要找到方法来治疗的时候，就会抱持一种"如果不能找到对症下药的解决方案，那就什么都做不了"的等待心态，而这，本身就是一种拖延！

其实，严格按照医学上的说法，拖延并不是一种"症"，而是一种"征"。也就是说，它不是由明确病灶引起的主观上的不适感，而是一系列客观的临床表现的总和。说白了，其实你并不是因为得了拖延症才变懒，你只是把自己的懒惰散漫归咎于"拖延症"这个原因而已。所以，当人家问你"为什么这么懒"时，你说因为我得了拖延症，这完全是倒果为因，搞错方向。一个人自律也好，拖延也罢，都是结果，不是原因。进一步来说，心理学上所谓的"自律"或"自制力"，其实并不科学。一般人看到的自律与否，在很大程度上，只是取决于当事人的内心动力够不够大而已。比如说，我们米果团队的主创，每天都要处理大量文稿，而写文章这种事，又是拖延的重灾区。怎么办呢？我们发明了一个方法，那就是把每个主创手头不同的项目，开列在同一张表格上，可以任意选择当前要做哪个。

你可能会觉得奇怪——不是说自律就是要集中精力，同一时间只处理一件事吗？这种多线程处理任务的思路难道不会加剧你们的分心症吗？其实正好相反，因为同时列出多个待办任务，自由选择处理哪一个，能保证你当下处理的事务正是你"内心驱动力"最强的那一个，做起来自然也就会比较专注。米果的主创里没有任何一个人是先成为自律的典范，然后再出来创业的。事实上，黄执中和邱晨到现在仍是游戏宅，马薇薇和胡渐彪最大的兴趣仍是健身而非演讲或写稿，他们在工作中呈现出的自律，其实也是"选对方向"之后的副产品。所以，**你真正遇到的问题，并不是缺乏自制力，而是内心深处缺乏动力**。如果不往内部去分析自己的心理动机，反而往外部去锻炼什么"自控力"，治疗什么"拖延症"，那就是选错了路径。所以，如果看到其他人很自律，你要想的是，他最开始是做对了什么，才获得了这样的品质，而不是先想着怎样获得这种品质，然后再去做你想做的事。你也并不是因为缺乏自律，才无法坚持背单词，而是你根本就不想背单词，所以才会不自律。因此，不要轻易说自己缺乏自律，这不但不能帮助你解决问题，反而会给你提供逃避的借口。**你真正要做的**，是把自律当成一个结果，**把重点放在"强化改变自己的欲望"和"找到内在驱动力"上**。

举个例子，在健身的时候，经常有人因为不能坚持而感到自责。为什么别人就能每天抽出 30 分钟锻炼？为什么朋友圈里别人晒的步数每次都比你多？这时候你要问自己：你的挫败感，到底是来自自己，还是你口里的那个"别人"？你真的找到属于你的内在驱动力了吗？这样一想，你会发现，很多人所谓的自律，其实都是他律。他们之所以没有找到内在的驱动力，正是因为没有认识到这一点。真正的自律都是从自己的内心渴望出发的。有些人健身是因为他们死也不愿接受自己是个胖子，有些人健身是因为喜欢户外的空气和风景，有些人则是觉得跟一群朋友泡在小区健身房是一种舒服的社交方式，还有些人健身是因为要保持充沛的精力应对高强度的工作。

这些选择没有高低上下之分，只要它源自你内在的驱动力，对你而言，就是最好的。静下心来想一想：你究竟喜欢什么？到底想要什么？你最渴望和最恐惧的是什么？未来一年你希望自己处于什么状态？未来三年你希望自己过上什么样的生活？把这些问题想清楚了，你就能从自己内在驱动力最强的事开始，使自己一步步变成一个自律的人。

TIPS：

小学问：不是先有自律的品质，才有自律的行为。先做自律的事，你才能变成一个自律的人。不要空想有了好习惯再去做事，这是倒果为因。

第二节
为什么你总是三分钟热度？

很多人在改变自己的时候，遵循的顺序都是 do-have-be。也就是说，觉得自己某方面有不足，那就首先想要去"做"（do）些什么，来"得到"（have）什么，最后"成为"（be）什么。可是，如果不事先想清楚你要成为什么样的人，那你即使做了很多，也是事倍功半。

就拿减肥这件事来说，一般人的顺序是：

1. 我想要减肥。（do）

2. 因为我想要美好的身材。（have）

3. 最终，我想成为一个健康自信有魅力的人。（be）

于是，他们在健身房自拍，天天在镜子里观察有没有人鱼线、马甲线，他们会幻想自己也能把衣服穿出模特的效果，计算着瘦下来之后出街会有多少回头率……然而，这种对于目标的美好幻想虽然很激励人，但同时也会给我们带来巨大的沮丧感。甚至可以说，正因为这个"be"太过美好，反而越发衬托出

"do"的无力和无效，让我们看不到"have"的希望。这是因为，你梦想的绝大多数目标都不能给你及时反馈。**道理很简单：一个目标之所以会成为大多数人的梦想而非现实，正因为它难以达到。难以达到，是因为难以坚持；而难以坚持，则是因为中途你走的每一小步，看起来都那么微不足道。**你在健身房折腾得死去活来，奄奄一息，上秤一看，该多胖还是多胖，摔！

这时，你的心态变化遵循着这样一个顺序：

1. 等我瘦下来，嘿嘿嘿嘿嘿……（流口水）

2. 我要努力减肥！（流汗）

3. 唉，还是没变化……（流泪）

所以，梦想越美好，中途的努力反而越渺小，就会越难坚持。因为在你的 do-have-be 之间，有着令人望而生畏的空隙。

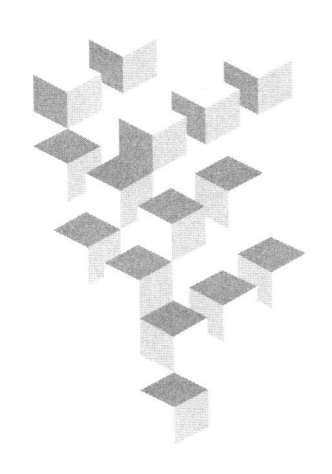

可是等等，你没发现这里有什么问题吗？驱使你的动力，是"等我瘦下来"如何如何，可是如果你不能先像一个瘦子那样生活，你就不可能真的变瘦啊！摔！体形是长期生活习惯的结果，而不是可以刻意改变的。否则，就算你通过坚强意志成为一个瘦子，你内心里住着的那个胖子最后一定也会再次拉你下水。美国有一档电视节目叫《超级减肥王》（*The Biggest Loser*），在 25 万美元奖金的刺激下，有选手创造过减掉 59.62% 体重的惊人纪录。可是，对 14 位选手连续 6 年的跟踪研究发现，其中只有 1 位事后没有反弹。该做的我都做了（do），该得的我也得了（have），可是最终我和我的梦想（be）居然是个美丽的误会，我只是个"瘦下来的胖子"。

归根到底，问题出在顺序上。**正确的顺序应该是这样的：be-do-have**，现在你试着反过来看这个故事：

1. 我要做一个有自信，有魅力的人。（be）
2. 这样一种人，会做些什么事呢？（do）
3. 做了这些事之后，我会拥有什么呢？（have）

你看，人改变了，行为模式改变了，你所追求的外在结果也就水到渠成，反而不需要那么放在心上，这才是达到目标的正确途径。美国著名投资家查理·芒格（Charlie Munger）说：想得到一样东西，最可靠的方法，是先使自己配得上它。这话脱胎于德国哲学家康德，康德认为，现世中没有什么能保证你"得到幸福"，你所能做的，只是使自己"配得幸福"而已。这个思路不只适用于减肥，任何一个伟大的目标，想要不变成白日梦，都得遵循这个 be-do-have 的顺序。比如说，小兵要当将军，不是埋头苦干不怕死就可以的，你得先像你的长官一样思考（be），想想在这个情况下你的上级会做什么（do），然后才有资格担任更重要的职位（have）。这就叫"有为才有位"，而不是"有位才有为"。否则的话，如果只是因为累积功劳而升迁，那你最终会被放在自己所不胜任的位置，难免被打回原形。管理学上的"彼得定律"，说的是层级组织的每一个职位都会被不能胜任的员工占据。究其原因，就是这种"只是因为表现好，就被提升到更高位置"的原则。而这个错误的顺序，不正是我们反对的do-have-be吗？

应该如何进行自我行为管理呢？第一步，就是不要急着问"我要做什么"，而是要问"我要成为一个什么样的人（be）"。是这样的人，就自然会做这样的事（do）。与其羡慕别人的身材、学识、财富（have），倒不如从这个"be"做起。

TIPS：

小学问：先想清楚你要成为什么样的人，再按照这样的方式去思考和生活，那些起初看似遥不可及的目标，就能自然达到。也正是在这个时候，你才能说自己真正拥有了这些品质。这个顺序是be-do-have，而不是do-have-be。

第三节
改变自己，要经历哪几步？

万事开头难，偏偏自律是开头很容易，坚持却越来越难。看看你手边，有没有只看了开头的新书，只写了几页的笔记本，一年也去不了几次的健身房？这是因为，**在"自我改变"这件事上，你没有在正确的阶段做正确的事情**。心理学家詹姆斯·普鲁查斯卡（James Prochaska）和卡洛·迪克勒蒙特（Carlo DiClemente）在 20 世纪 80 年代的共同研究成果表明，自我改变从来不是戏剧性的觉悟和突变，而是有一系列必经步骤的。具体来说，在彻底完成改变、建立新习惯之前，你要经历五个阶段：

1. 前意识阶段（precontemplation）：没有感到问题的存在，或拒绝承认问题的严重性

2. 意识阶段（contemplation）：意识到改变的必要性

3. 准备阶段（preparation）：了解相关步骤，做事前准备

4. 行动阶段（action）：开始执行计划

5. 保持阶段（maintenance）：根据新情况进行调整，并继续执行计划

在每个阶段，你所需要对应的策略是不一样的。而一般人最常犯的错误，就是在还刚处于第二个阶段，也就是"意识阶段"时，就直接去行动。然而这个时候恰恰是你热情最高，但决心也最脆弱的节骨眼，一旦遇到强大阻力（这几乎是肯定的），一瞬间，你那点儿决心就承受不了负荷了。比如说，你什么时候最想减肥呢？是不是刚称完体重，觉得实在有点儿说不过去了的时候？又好比，你什么时候会最想要发奋读书呢？是不是刚拿到成绩单，惨不忍睹的时候？

是的，当你开始意识到问题的时候，你想要改变的意愿是最强烈的。但是，如果这时立刻把意愿转化为行动，就很容易产生过高期待，做出不切实际的计划。社会科学家乔恩·艾尔斯特（Jon Elster），把这种在最开始制订计划时高估自己的倾向，称为"计划谬误"。艾尔斯特认为，人们之所以会低估完成一项特定的任务的困难，**一是因为没有客观地比较类似项目的先例；二是因为没有留足提前量，**也就是过分依赖没有意外发生的顺境。举个例子，健身房业内有句话，叫"赚的就是不来的钱"。通常来说，办了健身年卡的人，能坚持下来的不到两成，一个拥有上千会员的健身房，每天能见到的，也就那么几十号人。因为绝大多数人都是在第二阶段，也就是意识到问题严重性的时候办卡，但是这时他们根本没意识到改变带来的不适，或者说，没有意识到这是一个多么漫长的过程。于是，他们在制订健身计划时，对于自己能投入多少时间，能承受多大强度，会遇到什么样的干扰，都有一种迷之自信。于是当第一波挫折来临时，健身的意愿也就会快速瓦解，甚至遇到几次这样的情况之后，会形成一种"认

命"的心态，觉得自己反正是个没毅力的人，干脆就破罐子破摔。这很像是弗洛伊德人格发展理论中所谓的"退行"（regression），人在高级阶段遇到挫折，会回到低级阶段寻求满足和安慰。减肥期间间歇性的暴饮暴食，大都出于这种心态。不信，下次去健身房的时候注意观察。那些一上来就加到很大重量，拼命练到脸色煞白的人，往往都不是因为有毅力，或是想挑战极限，而是因为初来乍到不知深浅。这种人，你过几天再来，几乎肯定是见不到的。而经常定期出现的那些资深达人，无论在运动强度还是时长上，反而都非常克制。

所以说，**一旦决定改变，当下要做的事，反而是要克制自己的热情**。任何一个乍看起来很容易完成的计划，比如每天运动 30 分钟，一个月减掉 10 斤体重；每周读完一本经典，一年成为业内专家什么的，往往做起来才知道是纸上

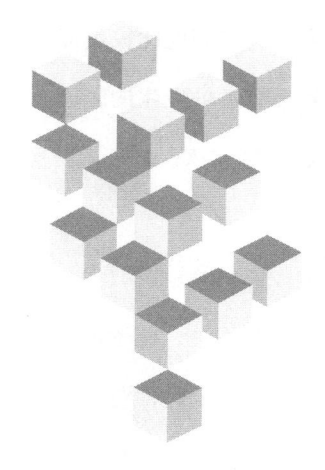

谈兵。因为你事先根本没有认真去探索自己的承受力，也没有在实际操作过程中感受过真实的困难所在。你必须试着体验，看看如果改变作息，会对你的心情造成什么样的影响；如果改变饮食，会对你的生活造成怎样的不适；如果天天去健身，需要你的日程表有什么样的改变。是的，你必须充分了解改变会有多么困难，才算是真正完成了"准备阶段"。

有人可能会觉得，这不是自己泼自己冷水吗？好不容易才想要发奋立志，你却要我多去思考其中的困难？不，这不是在泼冷水，恰恰相反，这种降低预期的心理建设，在行为改变的过程中，能够实实在在地提高坚持下去的概率。**一言以蔽之：在改变行为的过程中，你更应该重视的，是每个改变的"成功率"，而不是"幅度"**。马克·吐温打过一个很有趣的比方：坏习惯就像一只猫，你不能指望把它从窗口直接丢出去，只能一步步引着它顺着楼梯走下来。也就是说，改变坏习惯的过程，应该是"小碎步快跑"，而不是"大踏步前进"。在这个问题上，赌气是没有用的。

为什么这样说呢？因为你要知道，失败带来的挫折感对于一个想要改变的人，打击实在太大。而无论是想要减肥，还是想要读书，没有任何一次失败是因为"预期太低"导致的。相反，所有的失败，背后的主因其实都是"预期太高"以及进而带来的沮丧。人的意志力有限，一件事如果不能带来即时正向反馈的"效能感"，几乎注定难以为继。试想一下，如果你的目标不是每天做30分钟运动，而是每天吃饭前先多喝一杯水，成功的机会，是不是会高很多？而当你成功达到这个目标，开始有了信心，也有了点儿成果后，再往下设定第二个小目标，是不是动力也就会大很多呢？新浪微博在2017年的一份针对10万以上减肥者的调查显示，那些貌似下定决心想要减肥的人，在心态上真正抱持合理预期的，不超过20%。但是，只要预期合理，你猜其中能真正进入行动期和保持期的人占比多少？90%！也就是说，下决心不难，行动和保持也不难，但是，在下决心后有一个冷静的权衡，能对自己有合理预期，才是难中之难。

所以，当其他人兴致勃勃地梦想着脱胎换骨时，你应该追求的，反而是低调、稳妥，能保证"成功率"的计划。每次幅度不要太大，以确保成功率为第一要义。自律，就是这样"积小胜为大胜"的结果。

TIPS：

小学问：改变不能一蹴而就，谁都必须经历五个阶段，一开始太过激进，反而是重要的败因。记住，重要的是每个改变的成功率，而不是每次改变的幅度。

第四节
为什么"不在乎别人的眼光"是个大谎言？

你有没有想过，健身房为什么有那么多镜子？有人可能会说：为了让人自拍呗。好，那健身时，你为什么喜欢自拍？健自己的身，为什么要拍给别人看？或者说，为什么要从别人的视角来看自己呢？这就涉及自律与他律的关系问题。**事实上，健身房的镜子，就是为了让你用别人的眼光看自己。**前面说过，很多人所谓的自律，其实都是他律。虽然最理想的状态是找到你的内在驱动力，使自律行为出自你真实的渴望，然而这毕竟只是理想，如果退而求其次，只能从他律着手去培养自律，那你就需要找到专属于你的"关键他人"。

先看一个案例。

1966年，美国心理学家罗伯特·罗森塔尔（Robert Rosenthal）带着助手来到一所小学，从1年级至6年级各选了3个班，对这18个班的学生进行一项所谓的"未来发展趋势测验"。在经过一番煞有介事的测评后，罗森塔尔将一份"最有发展潜力和前途者"的名单交给校长和相关老师,并叮嘱他们"务必要保密",以免影响实验的准确性。8个月后,罗森塔尔和助手们对那18个班级的学生进行复试。结果,奇迹出现了:凡是上了名单的学生,个个成绩都有了较大进步,且性格活泼开朗,求知欲强,更乐于和别人打交道。

罗森塔尔真的有先见之明,能成功找出那些最聪明的学生吗?

完全不是。

事实上,这是一个"局中局",它真正的目的,不是要验证这种儿童潜力测试的准确性,而是想要证明他人的期望是否会对被期望者产生重大的影响。那份被要求保密的名单,其实完全是随机抽取的。通过心理学家的"权威性谎言"暗示教师,并随之将这种暗示传递给学生。尽管保密措施做得很好,但是教师毕竟是知道哪些学生在名单上的,所以不知不觉中通过眼神、言语等途径,将饱含的期望传递给那些学生。而那些被随机选择的学生在受到教师的暗示后,变得更加开朗和自信,不知不觉中更加努力地学习,越来越优秀。这种现象后来被称为"罗森塔尔效应",它意味着:**权威的期待会带给我们强烈的影响,如果一些对你重要的人对你抱有强烈的期待,那么这份期待就会奏效。而这正是所谓"关键他人"的意义。**

人是社会性动物,我们对于自己的判断,很大程度上是从别人的角度出发的。也就是说,要评判自己处于什么状态,我们会习惯性在周围找一些重要的人,用他们的标准来给自己打分,或者根据他们的反馈来决定一件事应该坚持还是放弃。一个小学生，数学考了 80 分，好还是不好呢？你可能会说，看平均分啊！比平均分高就是考得好，比它低就是考得不好呗。可是，回想一下你小时候的经历，比班上平均分高的孩子，回到家，一定能得到父母的赞许吗？完全不会。甚至那些总考第一的孩子，在家里面临的压力反而最大，因为父母会提出更高的要求。所以，对孩子来说，分数意味着什么，完全由他们的"关键他人"决定。成年人可以笑着说"有一种冷叫你妈觉得你冷"，但是在小孩子的世界里，当"关键他人"只可能是父母的时候，"你妈觉得你冷"，那就真的是冷的唯一标准。而即使是对成年人来说，我们通常也并未能摆脱"关键他人"，只不过对象和小时候不一样罢了。比如在青春叛逆期，父母说什么你都听不进去，可是小伙伴们鄙视你的衣着打扮，却会让你度日如年；又比如当一个人已经事业有成时，通常不会在意流言蜚语，但却特别不能忍受信任的人的背叛。真正能不被他人左右，永远对自己有中立客观的评判，是值得追求的最高境界，但对大多数人来说，这不现实。

所以，**对于自律来说，我们需要在两方面找到自己的"关键他人"。**

第一，是帮助我们建立自信的"关键他人"。跟很多人想的不同，能持续起作用的自律心态并不是源于自我否定，而是源于自我肯定。也就是说，自律的基本逻辑，不是"我太差，所以我要变好"，而是"我这么好，怎么能忍受这样的状态，怎么能做这样的事"。后一种心态，古人称之为"狂狷"，认为"狂者进取，狷者有所不为"，也就是说，因为自视甚高，所以给自己设定更高的标准。现代人有一个更接地气的说法——自恋。自恋并不一定是坏事。它提供了一个解释世界的正面模型：所有好的状态，都是应该保持的；所有坏的状态，都是可以改变的。这种自我效能感,即使本身毫无来由,却能产生实实在在的效果。

所以,如果你要提升外在形象,首先就需要寻找善意的眼光,要找到那些能够使你增强自信的"关键他人"。这并不是给你灌迷魂汤,让你觉得现在还不错,而是给你一个正向的视角,让你始终相信现在的不足是可以解决的。同样是胖,有些人会说你"肥得像猪",有些人则会觉得"很有曲线"。很明显,前者是恶意的,后者是善意的。而后者的善意,又不是那种"我就喜欢胖的",或"不管你多胖我都会爱你"的放弃,而是属于"你有你的特点,在我眼里这就是你的优点"的正向视角。生活中你也常会看到这样的例子。有些人善于鼓励他人,因为他们能将客观"特点"正向解读成主观上的"优点"。明明是腿粗屁股大,却解读成"腰臀比例好""肌肉比例大证明基础代谢高,利于减肥"。事实证明,这样的正向激励能避免沮丧和紧张带来的暴食冲动,既是更健康的,也是更有效的。

第二,是帮助我们严格管理自己的"关键他人"。很多人减肥,是因为在意身边人的眼光。然而,如果别人觉得你胖了你就想减肥,那别人觉得你已经瘦下来了,你又会如何呢?原本的动力还存在吗?这样的做法,就好像是把行为的启动按钮放在别人手里,让开就开,让关就关。虽然"在意他人的评价"也是极其强烈的行为动机,有其合理性,但是你要注意,别人对你的关注,不可能一直是紧绷的。你的预期是要减掉10斤体重,可你身边的人不可能直到那时才注意到这一点。所以当你成功减掉3斤时,一定会得到很多称赞,那这时,你是不是会调整自己的目标,觉得现在这样已经很不错了呢?所以说,由于他人经常会中途改变对你的评价,你在最开始,就要找到能够严格贯彻某个标准的"关键他人"。在减肥时,只有健身教练才具备这样的专业性。他们会拿着你上一次检查的身体指标报告,跟你的现状和预算目标反应比对,告诉你什么地方要加强,什么地方要保持,什么地方要调整。

当然,这样的做法,如果换成是普通朋友,你可能只会觉得对方很"毒舌",对你横挑鼻子竖挑眼。这种人,古代叫"诤友",也不是人人都消受得起的。不过现代人有一个折中的办法,那就是"互助小组",双方约定好,只在特定事情上充当对方的"诤友",比如读书、健身、兴趣活动等。这样,就能做到严厉而不伤感情了。

TIPS:

小学问:我们都活在他人的眼光中,所谓自律,不是不计较他人的眼光,而是要找对"关键他人"。这就要求既要有正向反馈,又要严格管理。

第五节
别人的成功故事，为什么帮不到你？

试想一下，要激励自己成为更好的人，你的眼睛，应该盯在谁的身上？

你一定会以为，是那些最顶尖的成功者嘛！小时候挂在我们教室里的那些大科学家、大思想家画像，不都是引领大家好好学习、天天向上的标杆吗？于是，正如小学生写作文总是那几个例子，在成人的世界里，大家说来说去，也总是那几个名字。作为其中最常被提到的一个人，马云有不同的看法。2017年6月，他在阿里巴巴美国底特律Gateway 17展会上发表演讲的时候说，对于普通人而言，哈佛商学院这种地方经常讲的那些成功者的故事，有很多内幕，都是你看不到的。所以，**正确的做法是**："不要向比尔·盖茨看齐，那样你会很受挫，从隔壁卖饺子的老奶奶那里学吧！"

在成功者的各类演讲中，这句话实在是难得的肺腑之言。因为它指出了一个经常被忽视的误区：**参照对象的选择**。请记住这句话：**只有合适的参照对象，才能产生真实的驱动力**。还是拿马云来举例。如果我告诉你，年轻时的马云，找工作屡屡碰壁，投简历到肯德基，一共25个人应征，招聘了24个，唯独把他踢出去了，然而他经过不懈努力，现在已经成为世界知名的企业家，你听到后是不是会很感动？是。有没有也想去创业？有。但是然后呢？然后就没有然后了。道理很简单——你根本无从学起。这固然很励志，可毕竟你是你，马云是马云，中间隔太远。你只知道一些戏剧性的故事，又不知道他是怎么一步步走过来的。以他们为参照，根本不能对你当下的行为改变起到任何作用。所以这时，你倒不如认真观察身边那些学习好的同学，平时都是怎么听课，怎么复习，怎么做作业，怎么娱乐和休息的。首先，与那些名人半真半假的传闻相比，你身边案例的一切细节都摆在面前，更容易发现其中真正值得学习的东西。其次，虽然身边人的成功并不一定耀眼，但也正因为如此，他们的成就，是你再努力一把就切实能够达到的。所以，向他们学习，更容易转化成实际行动，而不是停留于空想。

真正能对我们造成实质心理冲击，让我们觉得"我也可以这样"，或者"我必须做出改变"的，不是相隔遥远的偶像，而是触手可及的身边人。事实上，由于科技和资讯的发达，现代人往往会误以为偶像离自己很近，给自己励志的时候，动不动就是马云、马化腾，这其实是错选了参照对象。主要表现有以下三个方面的问题：

1. 参照对象太过遥远，会导致细节模糊，信息不全面

魔鬼都在细节里，所以，在以此为标准要求自己时，难免会画虎不成反类犬。比如马云这个例子，他没有被肯德基录用，从中吸取的教训是"提升外在形象"，还是"培养内在气质"，甚至是"干脆以后就不要指望给人打工"？这些微妙的心态变化，当事人自己可能都记不清了，你从这样的案例里，又能学到什么？

2. 参照对象太过高大上，会导致你自己的效能感不足

设立目标，不是要你供起来崇拜的，得有实际的行动才行。可是一开始选取的参照系越大，目标人物离你越远，你辛辛苦苦取得的成效就会越不明显。初学者必须给自己设立"小目标"，而且一定不能是王健林眼中的"小目标"，得是你自己能做得到的小目标才行。

3. 参照对象跟你没有可比性，会导致对你的触动不够真实

圣贤的教训，一般是让我们"仰天地正气，法古今完人"。学他们固然没错，然而问题是，道德不如尧舜禹汤，功业不如文武周公，这根本就不会对常

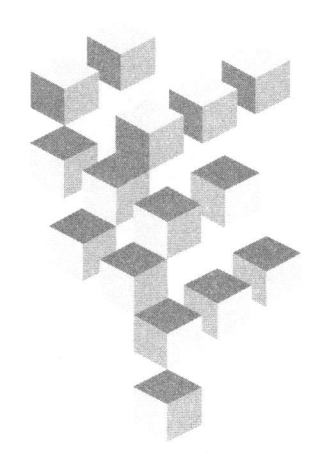

人造成心理压力。反而是级别不那么高的，就在你身边对你造成刺激的参照对象，才是你真正的驱动力所在。

所以，只要你不是以嫉妒，而是以学习的眼光来看待你身边比你强的参照对象，你就会发现，**真正对我们有帮助的励志故事，其实是"有缺陷的普通人"**。这样的案例，永远会让我们获益最多。一般的励志故事，结构通常都是"戏剧性的困境＋史诗级的奋斗＋殿堂级的成功"。可是你冷静下来想想——不对，这不是生活的逻辑，这是讲故事的逻辑。想把故事讲得催人泪下引人入胜，就得这么办，可是在真实的生活里，谁会按照这种戏剧逻辑来安排自己的事情呢？谁不是走一步看一步，随时调整策略呢？谁真的是从小认准一个目标打死不回头，经过千难万险终于峰回路转，结尾大团圆呢？就拿我们米果团队来说吧。按照"讲故事"的逻辑，我们的版本是这样的：

> 马薇薇、黄执中、邱晨、胡渐彪、周玄毅这五个人，从小热爱辩论，在别人看起来不务正业，为此遭受了无数的白眼。终于，在《奇葩说》的舞台上，他们走到了一起，在"知识付费"的浪潮中，他们的爱好变成了事业。含辛茹苦十几年积累下来的知识和经验，从来没有给他们带来一分钱的利益，然而他们坚持到了最后，并且笑到最后。在被誉为"知识付费元年"的2016年，他们实现了华丽转身，从默默无闻的辩论爱好者，变成全网第一的知识付费内容生产商。

是不是很燃？是不是一段经典的鸡汤文？然而请问，读完之后，除了"付出就有回报，坚持就会成功"这样的陈词滥调，你学到了什么？什么都没有。你只会觉得，米果团队这群人跟你不一样，志向远大，而且对自己够狠，所以成功了。可是说回到你自己，还不是该干什么就继续干什么？就算你听到这个版本的故事后，想去坚持一个不被人理解的梦想，说实话，撑不下去的可能居多。因为纯粹的热情，燃烧不了多久。而一旦你撑不下去，就会愈加觉得米果团队了不起，跟你不是一样的人。所以你看，这个版本的故事除了让你愈加崇拜故事的主角，愈加觉得自己"就是不行"之外，没什么好处。

那么，换一个角度，这个故事还可以怎么讲呢？我们重新来一遍：

其实，米果团队的每一个人，都是你身边最熟悉的那种类型：有点梦想，不大；有点才能，不多；对自己不够狠，偶尔也会犯点懒。但是，我们做对了一件事，那就是一步步走下来，把自己最强的能力投入到最喜欢的事上。在这个版本里，我们不是因为坚持才变强，而是因为本来在这方面有专长，所以才一直都在从事自己喜欢的辩论活动，虽然不一定有用，但毕竟有成就感嘛。有成就感就会喜欢，喜欢就能坚持，这根本不是什么难事。

在这个版本里，我们不是一直隐忍蛰伏等待机会，终于在《奇葩说》的舞台上大放异彩，而是因为《奇葩说》本来就是个辩论节目，所以我们只需要在"舒适区"里迈出一小步，稍微适应一下综艺节目的特色和节奏就可以了——虽然不一定成名，但是试试也无妨啊。我们不是苦心孤诣守得云开见月明，而是因为正好了解到"知识付费"的风潮将起,发现自己擅长的"把话说明白""把大道理讲得实用"正好适合去做《好好说话》和《小学问》这样的知识付费产品。于是,我们喜欢的、我们擅长的、市场需要的,一拍即合,这才有了之后的成功。

你看,这样讲出来的故事,没有第一个版本那么感人,可是,你从中能学到的东西,是不是更多了?所以说,只有把参照对象定义成跟你一样的身边人,或者从身边选择你的参照对象,你才能从他们身上学到你真正能用得上的东西。

TIPS:

小学问:制定目标的时候,既不太高,也不太低,对你有真实触动,有值得学习的细节的,才是"合适的参照对象"。

第六节
为什么你不敢做个优秀的人？

对于自律而言，最大的敌人是自己，这是个老生常谈的说法。但是，自己为什么会跟自己作对，你真的理解其中的心理机制吗？孔子曾经对自己的学生子路说："你之所以达不到我的要求，不是能力不足，而是因为自己给自己划定了界限，否则的话，你应该是在半途中力尽而止，没理由是畏难不前啊！"（原文是："力不足者，中道而废，今女画。"）这就是所谓的"自我设限"，或者"自我妨碍"。事实上，阻止我们的，往往并不是目标本身的难度，而是我们因为畏惧这个难度，而预先给自己设立的"到此为止"的界碑。简言之，就是当一个人面临考验时，为了避免失败带来的负面影响，会故意给自己制造障碍，为之后表现不佳制造借口。

关于这一点，心理学家伯格拉斯和琼斯（Berglas & Jone）在20世纪70年代做过一个有趣的实验。

参加测试的大学生随机分为两组。其中一组的答题难度会根据被试者的回答情况做调整，使其能答对大多数问题；另一组则是难度极高的问题，参加测试的学生很难回答上来。随后，两组大学生都被告知，他们得到了"到目前为止最高的分数之一"。这个设计的巧妙之处在于，前一组（真实成功组）被试者的成功，看起来是由自身努力决定的，后一组（偶然成功组）的成功，看起来则是完全靠蒙，也就是运气造成的。接下来，研究人员告诉两组被试者，他们将接受第二次测验，这一次计分将更严格，暗示"你很难再凭运气取得高分"。而在此之前，他们可以从两种药物中选择一种服用，其中一种可以提高智力测验的表现，另一种则会降低表现。按常理来说，为了拿到更好的测验成绩，所有人都应该会选择提高智力的药丸吧？可是结果出人意料，"偶然成功"组相比于"真实成功"组，更倾向于选择服用降低表现的药物。换句话说，他们认为，正所谓"久赌无胜家"，既然此前的成功主要是因为运气，那么自己在接下来很有可能遭遇失败。于是，他们便选择主动为自己接下来的表现制造障碍，以求失败后能找到合适的借口，在拿到低分的时候能够比较体面。

乍看起来，这很奇怪——哪有人不害怕失败的？哪有人故意要让自己表现不好的？但是扪心自问，你害怕失败是因为什么？还不是因为没面子？那好，如果有一个方案，能够让你就算失败了也可以很有面子，那么即使它会降低你成功的概率，你是不是还有可能会选择它？面对一次重要的考试，在室友都拼命复习时，你出去潇洒快活，说自己反正也无所谓，干脆彻底裸考算了。这固然会降低你得高分的概率，比如说20%吧，可是反过来说，它却会让你在真的考得很烂的时候，丢脸的概率降到几乎为零。用20%的胜率换100%"不丢脸"的保险，这个买卖是不是很合算？更何况，万一走狗屎运分数还不错呢？那你何止是学霸，简直是学神。

所以，不要羡慕那些态度很"潇洒"的同学，这不是淡定，这只是策略。

随着20世纪80年代相关研究的深入，心理学家们还进一步发现，心理妨碍也是分层次的。有些人只是"声称式自我妨碍"（claimed self-handicapping，CSH），也就是自己给自己找借口，比如身体不舒服、心情不好、天生不适合学数学什么的。有些人严重一点，是"行动式自我妨碍"（behavioral self-handicapping，BSH），也就是在实际行动上给自己下绊子，比如压力越大越不努力，越快到死线越去做无关的事情，甚至是酗酒和滥用药物。换一个角度说，有些人只是"情景性自我妨碍"（situation self-handicapping，SSH），也就是只在特定的事情上自我设限，比如一到临近考试就放飞自我，最后再把考不好归结为放纵不羁爱自由。而另一些人则是"特质性自我妨碍"（trait self-handicapping TSH），也就是说，自我设限已经成为他的人格特征，在任何需要努力才能成功的地方，他们都能"成功地"以自己的不努力来证明"不成功不是因为我不行"。

很明显，到了TSH这个阶段，这基本上就是个废人了。

根据美国犹他大学的罗德沃特（Frederick Rhodewalt）教授的说法，每个人都有一定的自我妨碍倾向，只是程度不同。他在1982年编制了一份"自我妨碍量表"，就是用来测定自我妨碍的量级。不过，无论你具体处于哪个量级，"不敢尽力争取最好结果",却是一个普遍的现象。还是以考试为例。正向的思路应该是,如果这次能考到90分,那就应该再加把劲,下次争取考100分,甚至是进一步参与更高层次的竞赛。可是,这同时也意味着难度会越来越大,竞争对手也会越来越强。假如这个人是你,扪心自问,你真的会这样做吗?

更可怕的是,每个人都有自己的瓶颈。当你到达一定的程度,就会发现无论怎么努力,分数就是上不去。换言之,你到达了自己智商和意志力的极限。因此,更有可能的选择,是你一开始就不追求自我突破,希望在人生这场不断加码的跳高比赛中,你的横杆永远能够停留在轻松跳过的地方。这样,你就始终可以告诉自己:"我的能力其实不止于此,我还没有开始努力呢!"一方面,你可以永远生活在100分的幻想中;另一方面,也可以避免别人看到你在能力上

的不足。想想看，小时候你听到父母跟别人说"我家孩子其实挺聪明的，就是贪玩不用心"时，是不是心中暗爽？不要以为这只是学生时代的幼稚错误，在享誉世界的成功者当中，同样存在这样的心理。传奇网球巨星——59座大满贯冠军得主纳芙拉蒂洛娃，在一次系列赛中接连输给了好几个小将，在赛后的访问里，她承认说："比赛到后来，我不敢用尽全力，唯恐发现自己如果努力了仍然会输。因为一旦如此，那就说明我完了。"

她这一番话，说出了所有运动员内心最大的恐惧。对于运动员而言，不好好准备，甚至不努力比赛，顶多算是态度和状态问题。可是，如果所有人都开始怀疑你的实力不过如此时，那就真的万劫不复了。因此，为了自我保护而放弃努力，以免给观众留下"英雄迟暮"的印象，就变成了一项理性的选择。现在你明白，为什么明明实力不至于那么差，还是有很多选手会兵败如山倒，显得毫无斗志了吧？

那么，既然我们知道了很多人之所以不努力、不自律，就是基于"自我妨碍"心理，而且这种心态又是很难避免的，那应该怎么办呢？

很简单：**认清别人的"自我妨碍"，有利于解除自己的"自我妨碍"。**

正因为别人会有自我妨碍心态，所以你才不应该自我妨碍。还是拿减肥来说。很多人之所以自暴自弃，一是因为觉得自己太倒霉，喝口凉水都会肥，凭什么别人怎么吃都不胖呢？二是在遇到困难的时候忍不住会想：努力就会瘦吗？万一只是变成一个强壮的胖子怎么办？瘦下来就一定会变漂亮吗？万一只是从丑胖子变成丑瘦子怎么办？你看，这些想法都是典型的自我妨碍。细究起来，根源在于：**你上了别人的"自我妨碍"的当！**你觉得自己的努力会被嘲笑，是因为你"以为"别人没有在努力，别人真的是怎么吃都不胖，不锻炼也健康；你觉得身材变好也不能让你变漂亮，是因为你"以为"身材好的人真的只靠身材，健身房自拍的时候不化妆不修图，日常也没有别的保养；你觉得你已经很辛苦了却没有看到成果，是因为你"以为"别人没你那么辛苦，却能轻松取得比你更好的成效……发现没？你的"行动式自我妨碍"，就是因为相信了别人的"声称式自我妨碍"，也就是说，别人说说而已，你还真信了。要知道，"声称式自我妨碍"是普遍存在的，所以你永远不会知道别人有多努力；"行动式自我妨碍"也是普遍存在的，所以你永远也不知道别人的真实实力有多恐怖。

想到这一点，你还好意思"自我妨碍"吗？

TIPS：

小学问：由于"自我妨碍"的存在，我们很容易给自己的退缩找到原因，不敢成为优秀的人。所以，你一定要认清这种心态，至少不要让别人的"自我妨碍"影响到你的判断。

第七节
为什么你做不到"管住嘴"?

在你成为一个自律者的道路上,经常需要自己给自己打气,所以,要时刻注意语言的暗示。

比如说,通常我们在说到"自律"二字时,都会有一种不自觉的暗示,表面上是在弘扬其崇高价值,实质上却增加了心理负担,让人更容易放弃。不知道你有没有意识到,那些经常被拿来当成自律典型的人,比如头悬梁的孙敬、锥刺股的苏秦、卧薪尝胆的勾践,其实细想起来,都是有问题的。一个人如果真的已经养成自律的习惯,为什么非要咬紧牙关,甚至是自虐,才能强迫自己做出自律的行为呢?说得阴暗一点,如果这些故事都是真的,等孙敬、苏秦当了官,勾践报了仇,原本的压力消失了,他们不就会原形毕露,变成油腻的中年废柴吗?反过来说,如果你真是足够自律的人,自律的生活对你而言只是像吃饭喝水一样的习惯而已,又有什么好说的呢?难道你会觉得,早晚刷牙,出门自己系鞋带,是需要每天给自己打鸡血才能做到的事吗?

发现没？**如果你把"自律"看成一件很伟大、很坚难、需要拼命发狠才能做到的事，就说明你离真正的自律还远着呢！**当然，这并不是说我们可以很轻松地从不自律变成自律。只是你要警惕，由于在日常语言的暗示里，对"自律"这件事附加了太多励志光环，反而会导致我们产生畏难情绪，觉得这不是普通人能做到的事，不但没被激励，反而会被吓倒。很多人在讲自律故事时，想表达的是"他们真伟大，我们要学习"，实际效果却是"他们这么夸张，我们真的学得了吗"。后者，就是暗示的力量。心理学家的看法是：**语言的暗示是改变行为模式的有效方式之一。**因为我们怎样去称呼一件事，往往就决定了我们怎样去思考它，而我们怎样去思考它，往往就决定了我们怎么去对待它。

有一个案例很典型。美国行为科学家阿莫斯·特维斯基（Amos Tversky）

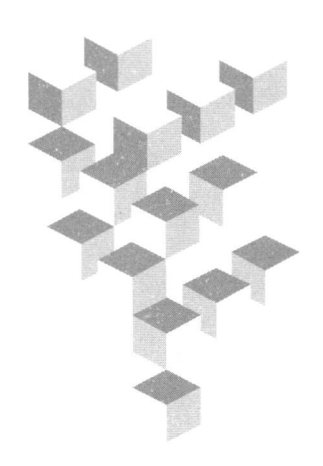

在哈佛医学院做了个实验：医生需要决定在一项新的针对肺癌的治疗手段中，是否需要开刀手术。实验员将被试的医生分为两组，并向两组通知了开刀存活率的统计结果：

a 组——开刀后第一个月的存活率是 90%。

b 组——开刀后第一个月的死亡率是 10%。

很容易看出，a、b 两组只是将同一个统计结果以不同框架呈现，a 组用的字眼是"存活率 90%"，b 组用的则是"死亡率 10%"，这两者在概率上是完全相同的。但结果却显示，看了 a 报告的医生组中，有高达 84% 的医生选择了开刀，而看了 b 报告的医生组中，则只有 50% 的医生选择了开刀。所以，撒切尔夫人的那句名言，也许应该把顺序颠倒过来：不是"注意你的思想，因为它会变成你的言辞"，而是"注意你的言辞，因为它将变成你的思想"。

最后，还是回到开篇提到的减肥这个例子，既然我们了解到，语言对我们的思维确实存在着影响，那我们可以怎样反过来利用这种效应呢？很多人说减肥就是"管住嘴"，可不可以换一种说法呢？如果我们不说"吃得更少"，而说成是要"吃得更好"呢？效果一样，感觉是不是很不同？要知道，很多身材好的人，他们吃的东西，在分量上一点都不比我们少，差别只是在于，他们吃得更精致，品种更多样，味觉更敏锐。美食家之所以没那么容易发胖，就是因为他们的要求比一般人更高。

所以说，当你以"吃好"为目标的时候，就会发现，之所以不要吃垃圾食品，不是因为要"管住嘴"，而是因为"不能对不起这张嘴"。相应的，减肥也不是要对自己狠一点，而是要对自己好一点，不要让那些粗糙的食物把自己打发了。这是"吃货会胖，美食家会瘦"。这个道理，其实并不难懂。但是，如果你一开始就被那句"管住嘴"给绕住了，摆脱不了这种语言暗示，那之后你的想法就很难再转弯了。

说真的，减肥如果变成一件"自己跟自己作对"的事，又有多少人能坚持跟自己作对呢？

TIPS：

小学问：用什么方式称呼一件事，会极大影响你对它的看法。所以，想要管得住自己，就要在观念上先学会使用正确的语言。

第八节
玩《王者荣耀》，也能学到自律之道？

人类的行为，无非基于爱与憎，而相应的驱动力，也无非来自奖和惩。不过，**对于自律来说，以奖励和促进自信为主的"正向驱动"，才是长久之计**。在劝说别人做出改变时，**我们往往有个坏习惯，那就是喜欢用负面的思考，做出警告甚至恐吓**。比如劝人戒烟或者减肥，一般会渲染由此带来的病痛。的确，恐吓是最简单的说服方式。而且，不只是别人会常拿这种方式来打动我们，我们也会习惯性地自己吓自己，觉得要对自己狠一点，效果才会好一点。在减肥的时候，甚至有人说出"要么瘦，要么死"这样的狠话。

然而，放出这样的狠话，就真能说到做到吗？很可能效果正好相反。

首先，恐惧能不能带来行动说不准，带来巨大压力却是一定的。我们的大脑根本就不适合长期在压力下工作，所以它第一时间就会想办法给自己开解。比如说，负面的那些说法虽然有理有据，听起来也足够吓人，但与此同时，你脑子里一定会有个声音冒出来说："不一定吧？"这就是每个人都免不了的侥幸心理，因为无论多么恶劣的习惯，都不是百分之百会带来恶果的。抽烟的人那么多，也不是所有人都得肺癌；不系安全带的人那么多，大多数人不都是平平安安的？一旦你开始这样想问题，就很容易麻醉自己的警惕心。很多司机宁愿在驾驶室里挂个佛像，也不愿多读几遍安全驾驶守则，就是因为在恐惧面前，"求心安"实在是比"做出实际行动"容易太多了。

其次，如果大脑长期处于压力状态下，就会产生多种问题。最明显的就是记忆力衰退。动物实验发现，长期处于高度压力的状态下，会导致脑中负责空间和情节记忆的海马体体积萎缩，引起新生神经元数量降低、脑源性神经营养因子（BDNF）减少等等，最终导致对学习、记忆极为关键的长期增益效应受影响，因而使得记忆受损。不仅如此，在面对压力时，基于生物的自保本性，大脑会指挥我们产生"情绪性进食"的需求。简单说就是，大脑发现你心情不好，认为这意味着你处于危机之中。有危险怎么办？多吃点储存能量总是没错的。而此时的首选，几乎都是高热量的垃圾食品。所谓"过劳肥"和"越累越胖"的现象，是真实存在的，罪魁祸首不是你的嘴，而是你心里的压力。

而反过来说，**正向驱动不但没有负作用，而且效果也更好。**

2011年，英国权威医学刊物《柳叶刀》刊登了一则有趣的实验，内容是关于用手机短信帮助戒烟的效果。结果显示，那些经常接收到鼓励性短信的戒烟者，相比于只是偶尔收到这样短信的戒烟者，成功率会高出一倍。实验是这样的：英国伦敦卫生与热带医学院（London School of Hygiene & Tropical Medicine）的研究人员筛选出5800名被试者，随机分成两组进行对照实验。实验组会连续 5 周每天收到 5 条鼓励戒烟的短信，在随后的 26 周中，每周收到 3 条短信，并且在自己烟瘾大发时，还可以主动发短信要求鼓励。而对照组，则是每两周收到一次短信。不但频率差异大，而且两个组收到短信的内容也是截然不同的。其中，实验组接收到的鼓励性短信，是由戒烟专家精心设计的，通过不同方式来帮助维持其戒烟努力。比如在最开始的时候，实验组会收到："今天就是戒烟的开始，加油，你能做到！"当你回复"渴望抽烟"的关键词时，会收到"通常渴望吸烟的状态不会超过 5 分钟，你可以想办法分散自己的注意力，比如慢慢享受一杯饮料等"。而对照组收到的，则是一些敷衍话，比如"谢谢参与"，或者"还剩 4 周就结束了"之类。半年后，研究人员调查了两组人的戒烟成功率，并通过测量唾液中可替宁的含量进行了客观验证（可替宁是烟草中含有的一种物质，如果受试者这段时间吸过烟，唾液中可替宁的含量就会较高）。结果显示，接收鼓励性短信的实验组戒烟成功率达到 10.7%，对照组的成功率仅为 4.9%。通过这个实验我们发现，同样是有人在监督你戒烟，真诚的鼓励和应付差事的敷衍，效果是非常不一样的。而且进一步说，这个实验里的对照组，毕竟还得到了反馈，而恐吓式的负面激励，最大问题恰恰就是没有反馈。

恐吓这种事，必须要在"坏事还没发生"的时候才有效。 比如说，老板威胁你要你好好工作，否则就把你开除。这个威胁之所以有效，正是因为他还没开除你，否则，你还有什么好怕的呢？如果一个人所有的付出与努力，都只是为了避免某件坏事的发生，那这时他的行为就是没有"反馈"的。又或者说，他的行为，本来就是为了要"避免反馈"的。久而久之，人就很容易疲乏。

相反，正向驱动是可以经常发生的。就像老板鼓励你要好好工作，每达成一个目的，就给你一次奖励。每一个进步、每一次改变，都会因为得到反馈而被增强。

当然，你也可能会说："有时候即使有正向驱动，也还是会失败啊。"比如说，某天你心血来潮，决定要努力学习英语，你和自己约定每天背50个单词，如果一周都成功的话，就奖励自己吃一顿大餐。按理说，大餐是你想要的，而每天的任务量也不重，要坚持下来很容易。但是，尽管有着明确的正向激励，也很容易只坚持几天，就因为各种琐事搁置了。

原因其实很简单：因为你给自己的激励，反馈时间太长，根本撑不到周末，自己就放弃了。

那么，要如何调整这个反馈机制呢？你可以参考一下游戏的机制。

事实上，游戏行业，是最善于运用"即时的正向反馈"这个原则的。拿最火爆的手机游戏《王者荣耀》为例，它就把即时的激励做到了极致。你只要一登录上去，就会显示"登录奖励"；每天任务完成足够多，就可以领取金币和铭文；更不用说在游戏过程中，你能够切实感受到自己的每一次操作都会给本局的结果带来重大影响，每一次攻击都会切实感受到敌方受到的伤害量；再加上什么"第一滴血""三杀""五杀""MVP"这种极为刺激感官的标签，让你觉得自己仿佛战神附体，欲罢不能。现在你明白为什么游戏玩起来没够，正事却做起来就头痛吧？根本的区别，就是游戏里的"即时反馈"机制。所以，虽然我们也许永远不可能把学习变得像游戏那么刺激，但是的确可以有所借鉴，缩减从学习中得到奖励的反馈时间。

还是拿背单词来说，这件事情之所以难以坚持，就是因为虽然谁都知道"外语好"是很值钱的，可是具体落实到每一个单词上，效果却非常不明显。当下的努力和未来的付出之间间隔太大，以至于长期是在零反馈的情况下苦学。现代人，谁又受得了"十年寒窗无人问，一举成名天下知"的隐忍呢？所以，正确的做法就是，将每一个单词，至少是每一组单词的反馈时间缩短。有很多辅助学习的方式都是在贯彻这个原则，比如说，把特定场景，诸如厨房、餐桌、书桌等地方的所有物品贴上英文标签，那你背下来这组单词，就马上可以用全英文来指称这个场景里的所有物品，是不是马上就有成就感了？

最简单粗暴的办法，就是把学外语的具体好处量化到每个单词上。在十几年前，曾有一个风靡大学校园的短片叫《清华夜话》，当年的人们是这样讨论背单词的。同学 A 说："天天哼唧那些蚂蚁爬出来的文字，到底为啥？"同学 B 说："那可是钱啊！你算算，全额奖学金 2 万美元，GRE 单词有多少？"同学 C 说："2 万多个吧。"于是他们得出一个"伟大"的发现：背一个单词就是一美元！这么一想，是不是很有动力了？

而不管你使用以上的哪种方法来激励自己，都要记住本节所讲的两个基本原则：一、以正向驱动为主，二、增加反馈的强度和频率。

TIPS：

小学问：自律不是吓出来的，有即时反馈的正向驱动，才是驱使自己不断进步的正确方式。与其对自己狠一点，倒不如用正式的方式对自己好一点。

Chapter 5

第五章

Effective
——高效能人士是怎样思考的?

三届"奇葩之王"——马薇薇、邱晨、黄执中，经常被人问到同一个问题："你们在辩论时，是如何做到反应这么快的呢？对方说一句，我们要想很久才知道怎么回答，你们却能站起来就滔滔不绝，而且言之成理、发人深省，是有什么特别的天赋吗？"

这样的想法，是普通人面对行业领域内的大牛时，最常见的误解。

事实上，**反应快，不如反应准来得重要**。试想，脑子转得再快，如果思考的习惯本身就是错的，要经过三五轮筛选后才能得出正确答案，在旁人看来，是不是就会显得木讷？反过来说，如果养成正确的思维习惯，第一时间的直觉反应就是正确的，那即使思考时间稍微长一点儿，是不是也会显得才思敏捷？所以说，**让人惊叹的能力**，背后往往有一个简单的答案——选对了方法。你觉得太难，做不到，无非是因为不了解背后的方法论而已。

当然，人与人之间的确存在智商、情商和精力的差异。但是别忘了，大

导言

多数跟你在同一个平台竞争的对手，跟你都没有天壤之别。**方法论上的比拼，才是你们之间竞争的重点**。要理解这一点，不妨做个简单的数学题：1.01 的 90 次方，等于多少？答案是：约等于 2.45。也就是说，如果一个正确的方法论每天能给你增加 1% 的效率，那么仅仅在一个季度之后，你所收获的成效，就是其他人的 2.45 倍。

现在，你能理解起点和能力差不多的人，为什么会有这么大的差距了吧？提高效能的小学问，现在就学起来。

1 第一节
问对问题，才能提高效率

很多计划，从制订出来的那一刻起，就注定失败。

回想一下你在新年、生日、新学期和新工作的第一天这些有纪念意义的日子里给自己制订的计划，在朋友圈里发的那些誓，在笔记本第一页写的那些话，有几个真的实现了？激情—迷茫—恐慌—放弃—新的激情……你的生命是不是很难摆脱这样一轮又一轮的循环？当然，梦想还是要有的，但这并不是天上掉馅饼的事，不要指望它能像碰运气那样"万一实现了"。在最开始，你就要认真地审视自己的梦想，用科学的方法制定合适的目标。因为，**很可能你不是不努力、不自律、不拼搏，只是在一开始，你就定了一个"假目标"。**

比如说，作为学生，把"学好外语"当成目标，其实没什么意义，这最多算是个方向，而目标却必须要能指导具体行为。你是为了出国留学、日常交流、看懂最新美剧，还是为了应付考试？如果是考试，考托福还是雅思？GRE还是四六级？你现在的基础如何？希望提升到什么程度？有多长时间准备？具体到每天能抽出多少时间？……像这样的问题，问得越细越好，这样才能保证每一个小时的学习都有的放矢，可以随时评估和反馈，才能越学越有劲儿，随时感觉到自己的成长。观察一下身边的同学，如果他们一说"学外语"，首先想到的就是背单词和看美剧，那不用说，肯定属于目标不明确的那一类。在他们看来，学外语就像交朋友，只要每天接触，不管以什么形式，最终都能日久生情。可惜，他们忘了还有一种可能，那就是相看两生厌，最后不了了之。所以说，"学好外语"这个目标，看起来绝对正确，做起来却不知从何着手，只能算"假目标"。

那什么才算是"好目标"？管理学里有个"SMART"原则，就是专门用来处理这个问题的。它不但可以帮你高效找准目标，更能给你提供考核目标的标准。

1954年，管理学大师彼得·德鲁克提出了"目标管理"这个概念。1981年，有人将其中最重要的原则总结成S、M、A、R、T这五个字母，它们分别代表：Specific（具体的）、Measurable（可衡量的）、Attainable（可实现的）、Relevant（相关的）、Time-bound（有时间限制的）。

1. 具体性原则（Specific）

目标要具体明确，不能模糊。比如说，"改善口音，不要让人一听就觉得是Chin-glish（中式英语）"，这就是一个比"学好外语"好得多的目标。又比如说，"找一个不喜欢泡夜店的男朋友"，就比"找一个可靠的男朋友"更具有指导性。所以，当你在设定目标时，一定要多问几次："现在已经说得足够清楚了吗？还可以再具体一点儿吗？"

不要以为这很简单。因为有些话听起来很具体，但执行的时候，一遇到细节，马上又会糊涂。比如米果团队在2016年策划音频课程《好好说话》时，有同事提出一个看似非常具体的目标——"我们要做到全行业第一！"这听起来很让人激动，但马上大家就发现，这个"第一"到底是什么意思呢？是要在播出平台上做到第一，还是在全网第一？是要在"说话类课程"这个品类第一，还是要在知识付费领域第一？是要在规模上第一，还是在口碑或利润上第一？这么多个"第一"，执行起来用力的方向是很不一样的，做规模和做口碑，在市场部门批预算的时候完全是两回事。如果事先制订计划时不够具体，后期操作过程中难免打架。要知道，模糊的目标就像一团干草，攥在手里时像一个整体，一旦扔出去，就会到处乱飞。如果你追逐的是这样一团干草，又怎么能指望高效完成任务？所以，花点儿时间，把你的干草换成石头吧。

2. 可衡量性（Measurable）

首先，如果最后的结果不可衡量，那目标必然是不明确的，也就没办法变成具体行动。"财富自由"是很多人梦寐以求的目标，可挣多少钱算财富自由，几乎没人说得清楚。于是，有些人就用所谓的"超市自由""数码自由""汽车自由""购房自由"这四个层次的主观感受来代替量化标准。

可是仔细想想，就会觉得特别不靠谱——数码产品不一定比汽车便宜，汽车不一定比房子便宜，凭什么有这样的先后排序？"想买什么就买什么反正不差钱"，有没有可能是因为你没见过世面，根本不知道天外有天？知足常乐、小富即安的人，就算没多少钱也觉得万事不缺；而本身就不喜欢乱花钱的人，再有钱也会斤斤计较。这岂不是意味着前者一直都自由，而后者永远不能实现财富自由？可见，"不差钱"这种感觉，并不能构成一个目标，因为它完全是主观的，无法用客观标准衡量。

其次，更重要的是，如果一个目标不能量化，那它就无法被拆分成更小的步骤。而在努力实现目标的过程中，**如果不能随时评估，及时获得反馈，再有意志力的人也坚持不下来**。比如说，你一定见过手机和电脑上的进度条，你有没有想过，进度条是干什么用的呢？从运算的角度，它根本就不需要存在。但是从用户心理的角度来说，如果没有一个随时告诉你"现在进行到哪儿了，还有百分之多少没有完成"的标志，傻坐着等待程序运行，就会变得无比煎熬。这是因为作为一种社会动物，我们天生就喜欢得到及时反馈。再宏伟的目标，不分解成时不时能看到进展的"小确幸"，都会让人半途而废。从这个意义上说，"不积跬步，无以至千里"真正的意思应该是：对于千里这么大的目标而言，不把它分解成一步步来完成，是实现不了的。

3. 可实现性（Attainable）

那些常把"梦想还是要有的，万一实现了呢"挂在嘴边的人，往往忽视了一个重要问题：不切实际的梦想，并不是没有代价的。制定目标时，有些人会觉得"取法乎上，仅得其中"——吹牛又不上税，立志当然要立大的，到时不行再说呗。可是，他们忘了两个简单的道理。第一，如果制订计划时注水，那落实步骤时肯定也要打折扣，一旦形成"可以打折扣"这个心态，那你的计划就算白定了。第二，如果目标超出实际，过程中又不肯妥协，那么原本可以得到的利益也会失去。

"小学问"团队中一位在广告行业的知识合伙人就遇到过一个"志向

远大"的客户。对方即将推出一个完全不知名的手机品牌，听说"病毒式营销"现在是大热门，投资少、见效快，于是就来咨询说："如果现在我们手头只有100万元经费，也没有相关人才储备，想以小博大，这广告该怎么做？"预算这么少，专家当然很惊讶，但出于礼貌，还是继续追问道："那您要对标的品牌是哪家？在您心中，谁才是您的竞品呢？"对方自信地说："我们要打爆华为！"专家沉吟半晌，用尽最后一丝耐心，找对方要来一台样机试了试。结果，就连《植物大战僵尸》这种老掉牙的游戏，都会经常卡顿。最后，合作当然是没谈成，但这位客户得到了一条免费建议："我想，您可能对华为这个品牌有些误会……"

在这个案例中，没人才、没预算、质量差，都不算致命伤，因为只要因地制宜看菜吃饭，总能找到相应的市场。真正的问题是，你的目标如果制定得太过出格，就相当于自绝出路，连本可以达到的成就也全都泡汤了。

4. 相关性（Relevant）

设立目标时，一定要多问几个"为什么"。因为一个目标合不合适，并不由它自身决定，而是由它和其他一系列目标的关系决定的。一个人说他的目标是"成为亿万富翁"，这个目标合不合适呢？单纯看这句话是看不出来的，你得接着问他："你为什么想成为亿万富翁？"如果他回答："因为我想要过美好的生活。"那你可以继续问："你觉得美好的生活是什么样的？"如果他回答："美好的生活，就是住好房、开好车、有人伺候呗！"这回答固然俗气，好歹还是跟"挣大钱"这个目标高度相关。可是，如果他回答："美好的生活就是挣够了钱之后能归隐田园内心宁静。"那这时你就得劝劝他了："不好意思，你所说的这个目标，跟你真正渴望的东西没有'相关性'，所以不是个好目标。"

为什么？一是没必要；二是你不会有动力；三是就算成功了，你也不会觉得幸福。总之，何必呢？

5. 时间限制（Time-bound）

有没有时间限制，是目标和梦想之间最大的区别。小时候爸爸问你长大后想干什么，你说想当宇航员！这个叫梦想，可爱固然是可爱，但也只是想想，因为想过之后，你照样该干什么干什么。

那，什么叫目标？就是当你说"想当宇航员"之后，爸爸接着问你："那你想想，你飞上太空的时候，大概是多大年纪呢？"你算了算，说："35 岁以

前肯定能做到！"这才算是一段关于"目标"的对话。因为按照现有的宇航员选拔流程，如果你想在 35 岁前有资格进入太空，就意味着 25 岁时你至少要先成为优秀的飞行员；而 25 岁当王牌飞行员，就意味着 20 岁时就要开始飞行训练；而 20 岁时能当飞行员，就意味着现在就得开始锻炼身体，至少视力得保持好……发现没？一旦设置了时间限制，你就不只是想想而已，你必须从现在开始就得做点儿什么，而这就相当于真正启动了这个项目。由此开始，目标才变成实实在在的行为。

以上这一系列的计算，之所以必须以"时间"为主轴，就是因为一切行动的共同前提，都是"有时间"。职场上大家都有这样的经验，如果不以时间上的"死线"（dead line）作为节点，那么拖来拖去，一切都会变成"没时间"。对于完成任务而言，靠心血来潮，是没有任何希望的。

> **TIPS：**
>
> 小学问：好的目标等于成功的一半。制定目标时，先用"SMART"原则的五个问题考察一下，如果能够符合这五项标准，那就放手去干吧。

第二节
为什么《俄罗斯方块》
是人类历史上最成功的游戏？

工作和学习，要是能像玩游戏那样就好了！ 在打不起精神面对真实人生时，每个人脑子里都会闪过这种想法。的确，我们的大脑似乎有另外一套系统，不管平时多懒，只要遇到好玩的游戏，都能不眠不休地高度集中注意力，不畏艰苦地完成一项又一项挑战。说来也怪，明明没有任何回报，甚至还得自己大把砸钱，可是玩游戏，却比能让人赚到钱的工作更吸引人全身心地投入其中。

不过，这个想法终归只是一闪念，很快你就会回到现实，觉得这简直是开玩笑——正经事是正经事，玩游戏是玩游戏，怎么可能有那么好的事，能像玩游戏一样干正事，而且还能挣着钱？要知道，只要是正经事，就算这个正经事本身就是玩游戏（比如职业电竞玩家或者游戏主播），它都不可能是纯粹的乐趣啊！但是你再想想，做正经事，真的不能借鉴游戏里的某些原则吗？

来，先问你一个前提性的问题：做事无精打采没动力，到底是什么原因？工资少？难度高？团队关系不和谐？可是你想想游戏里的情况，你在没有任何报酬的情况下，面对一个极难的关卡，身边还有一堆猪队友捣乱，你不是照样玩得开心？所以，这些都不是原因。

真正的原因，是缺乏反馈。

在上一章我们提到，反馈不及时，人就很难培养起自律的习惯。现在我们要说得更深入一点儿：**即时有效的反馈，是幸福感的来源。**不知道你有没有想过，为什么不管多有钱的人，一说到退休之后的生活，大多都是养花种菜，做做手工？这些活动不就是传统社会里最平常的工作吗？为什么奋斗一辈子，到头来却要以"返祖"的方式才能获得幸福？这是因为，现代社会的一大趋势是工作机会大量转向服务业，我们所从事的职业越来越难以看到具体成果，缺乏过去自然节律下的及时反馈，由此造成的精神困扰潜移默化地影响着我们每一个人，以至于很多人退休时，非要不辞辛苦地找点儿事干，看着菜园子里的黄瓜藤一点点爬上架，看着十字绣一点点变成图案，享受久违的人生乐趣。

当然，为了追求即时反馈，现在我们发明了一个新的代替品，那就是电子游戏。简·麦戈尼格尔（Jane McGonigal）在《游戏改变世界》一书中说，游戏之所以引人入胜，很大程度上是因为它能提供一种实时的反馈机制，通过点数、级别、得分、进度条等形式，让玩家永远都觉得自己正在一步步达成目标，永远都在获得某方面的成就，从而产生继续玩下去的动力。不管是做手工还是玩游戏，这些活动的共同魅力之源，都是"即时反馈"。比如说，作为人类历史上最伟大的游戏之一，《俄罗斯方块》的界面简单到寒酸，它的魅力几乎完全来自其无与伦比的反馈速度。视觉和听觉上，方块会一排一排带着音效消失，这是一种反馈；得分会不断上升，这也是一种反馈；挑战的难度会逐步升级，这又是一种反馈。也就是说，反馈才是游戏的本质。只要反馈对了，其他都是浮云。

按照这个思路，你可以回想一下，为什么小时候我们学习母语，会觉得毫无难度？因为你的每一点儿进步，都会有非常强烈的即时反馈。你刚误打误撞发出了类似于"ma"的音，全家人就会欣喜若狂地说："孩子会叫妈了！"你刚学会说"喝牛奶"，马上就发现这相当于掌握了一个能随时召唤食物的咒语。有这样完美的反馈机制，有什么是我们学不会的呢？相反，如果小孩子无论怎样牙牙学语，大人都不给任何反馈，直到他们能发表一段内容完整、用词精准的三分钟演讲，才起立鼓掌、热泪盈眶，你猜结果会怎样？这种情况恰恰就是我们大多数工作的常态。公司里有很多团队，团队里有很多成员，轮到你的只是一个碎片，而你每天在执行这个碎片化任务时，又会发现它还能分解成无数碎片。于是你一直加班、一直忙碌、一直焦躁，但是一直没有成就感。累得要死，但是没有任何一项任务的完成跟自己直接相关，这不就是"瞎忙"吗？

所以，反过来说，**像游戏思维那样"简化反馈"，是提升效能的重要方式。**

可是，具体应该怎么做？

先以极端的方式想象一下，如果月薪不是一次发给你，而是像游戏里连上线都算"成就值"那样，把整个月的工作分解成无数项微小成就，你的工作会变成什么样子？比如说，给你座位安装一个感应器，只要你到办公室坐下，手机就"叮"一声响铃提醒："您已收到20元钱工资！"然后，只要你中午不溜号，加50元；晚上坚持到下班，再加100元；向老板汇报工作一次，提升影响力 100 点，帮同事解决问题，一次提升魅力值 50 点；下班后跟新客户见面，解锁"私交"新技能；坚持不拍马屁一周，获得"耿直员工"新皮肤；坚持帮团队订外卖一周，获得"友善之星"勋章……每天睡觉前，检查一下自己的技能树长成什么样了，是不是很开心？

不要以为这只是开玩笑。其实，这就是把你工作中模糊感觉到的那些成就即时量化，让你能实实在在感受自己的成长。游戏固然是虚拟的，可游戏原则却实实在在有效果。上到商鞅变法辕门立木，下到善于激励人心的领导经常进行实时口头和物质奖励，不都是同一个道理吗？

那么，具体来说，游戏是如何设置反馈的？

1. 将大反馈拆成小反馈

拿《王者荣耀》来说，为什么正式开始游戏前，它就要你去点击各个红点收取奖励呢？首先这是为了让反馈开始得尽可能早，还没玩游戏呢，先已经收到反馈了。其次是为了把反馈拆分得尽可能细，为什么不设置成一键收取，把今天所有的经验值、点数、金币、钻石都收完呢？就是为了让你的反馈增多，宁可让你不方便。这就好比是把大奖拆成小奖，让你天天都中奖，总额没变，却能增强幸福感。

2. 设置节点式的目标反馈

通关虽然是总目标，但总目标的达成反而经常会让人怅然若失。真正的乐趣大都是在通关过程中的"节点式"目标那里获得的。游戏中常常会设立各种"节点式"目标，让用户获得清晰反馈。你总是知道自己下一个等级能拿到什么奖励，第二天登录能够有什么收获。生活中也可以这样，比如你想减肥，那你可以设置几个阶段性的目标，达到第一个目标去买一身新衣服，达到第二个目标去一直想去的地方旅游，诸如此类。

3. 设置堆叠反馈

反馈是实时发生的，但奖励是累积到一定程度后才释放的。比如升级的过程，不是每打败一个小怪，就能增加技能，而是要有一定累积，量变达到质变。但是累积过程中，会提醒你"属性增加了20点""防御增加了20点""距离下一级还剩300点"，多个反馈堆叠起来，小反馈背后有大反馈，会让你更有动力。

4. 在没有反馈的地方创造反馈

以前的游戏是线性的，只有"升级"一个模式，就像工作只为了挣钱，其他什么都不感兴趣。但现在的游戏大多是开放性的，你既可以追主线，体验打怪升级最终通关的乐趣，也可以在地图上瞎逛，探索各种可能性，在包罗万象的"成就系统"里成为某个单项的优胜者。比如说，主角在游戏中慢跑了多少路程，打败了多少个小僵尸，曾经从多高的地方摔下来，这些诡异的成就，都可以累积小奖杯。即便你是在路上随便杀个小怪，本来什么意义都没有，但是系统会告诉你说，这种类型的僵尸你已经杀了97个，再有3个，你就是"百人僵尸杀"的级别。然后就是下一级，杀500个你就能超越99%的用户。这就属于是在原本没有反馈的地方，人为地制造出反馈，也相应地创造出意义感。

事实上，以上四种方法，现实中早就有人在用了。最典型的例子就是朋友圈里的"晒步数"，这个创意直接来自游戏中的"成就系统"。本来，走路健身是非常枯燥的活动，你必须长期坚持，才能收获看得见的效果。这就属于"大反馈"。但是，如果用数码设备里的计步器，每天自动上传你走了多少步，这就变成了一项及时的"小反馈"，因而就变成一项随时可以获得的成就。再加上分享后的攀比心理，很多人就算明明不想动，也会挣扎着每天走上半小时拼排名，甚至还有人动歪脑筋作弊，把手机绑在狗身上"替跑"。你看，连"开外挂"这件事，也跟游戏里一样。

TIPS：

小学问：游戏和工作的根本区别，在于反馈的即时性。因此，你可以用"简化反馈"的思路，让自己在工作中也像在游戏中那样充满激情。

第三节
斜杠青年邱晨的跳槽心得

曾有人评价一位博学之士说:"他读了那么多书,以至你很难相信他还有时间写书。而他又写了那么多书,以至你很难相信他还有时间读书。"的确,每个人身边都有一些朋友是神一样的存在。以每天 24 个小时算下来,你很难相信他们能达成那么多成就,拥有那么丰富的人生。是因为智商高,还是因为不睡觉?怎么大家都是人,却厉害得让别人怀疑人生?当你产生这种疑惑的时候,最可能的解释是:对方是一位**"技能迁移"**的高手。

事实上,**人与人在智力和精力上的差别,在绝大多数事情上都不足以产生天壤之别**。而你之所以觉得别人的成就无法企及,就算一天有 48 个小时,就算永远不用睡觉,再奋斗十年你也达不到,很可能只是因为**对方是在"跨界迁移",而你则是在分散用力**。什么意思?就拿"阅读能力"和"写作能力"二者来说,这就是一个最简单的技能迁移。从时间上来看,读书会挤占写作的时间,写作会挤占读书的时间,以至单独算下来,你很难想象已经在读书上花了那么多时间的人，还有时间写出那么多著作。然而这只是表象，实质上，读书和写作这两件事有极强的内在联系。也就是说，"博览群书"自然能导致"才思泉涌"，而带着写作的目的，又能保证读书有效率有方向。所谓"读书破万卷，下笔如有神"，说的是前一个现象；所谓"带着问题读书最高效"，说的则是后一个现象。**你觉得对方在做两件事，其实对方是在做一件事，而且是以更为高效的方式在做这件事**——比纯粹的死读书或者搜肠刮肚拼凑文章有效得多。

在这方面，人们通常有个误区，那就是以为会得多就是厉害。最近有个流行词叫"斜杠青年"，就是形容那些各种工作都干过，有无数闪亮头衔的人。比如邱晨，工商管理专业出身，当过记者，做过编辑，干过设计师，开过公司，既是创业者又是签约艺人，以"奇葩之王"身份赶上知识付费的风口……一连串的斜杠过来，是不是很厉害？

是的，但她到底厉害在什么地方，你很可能搞错了重点。

要说明重点在哪里，先举个反例。想象一下，村口小卖部有个邱大爷，既要照顾店面，又负责广播站的播音，还顺带负责农药和农机寄售，紧急时刻还能充当赤脚医生，给村民开点儿常见药。请问，这个邱大爷，算不算"斜杠青年"？

或者，还是以邱晨为例，假如她的技能分别是：基因测序科学家／自行车运动员／小提琴手／饭店老板，你会不会也觉得这个"斜杠"有点儿不那么地道？

所以你看，单纯"会得多"是不够的，单纯只是"层次高"，似乎也差点儿意思。"斜杠青年"的多项技能，必须具有内在联系，有主有次，能够相互激发，从而达到较高层次。而这正是"技能迁移"的前提。邱晨的那些"斜杠"，核心是"极强的语言能力",再辅之以"一定的绘画功底"。而这两样技能,原本就是她的天赋和兴趣所在,所以念兹在兹,总是能用这个核心来整合多项工作,跨界迁移、相互促进。辩手、记者、编辑、设计师、综艺明星、《好好说话》和《小学问》讲师、米果文化 COO……这一系列的头衔,其实都是这两个能力的组合和不同表现。

禅宗里讲,一个人如果有悟性,那么挑水劈柴、起居饮食,无时无刻不是修行;可如果没悟性,那么就算被师父逼着枯坐参禅,也是心不在焉,事倍功半。关键的区别在于你做事是否有心,能够看到各种不同事物间互有增益的关系。

按照营销学的说法,这叫作"跨界合作",发现不同资源之间的协同效应。

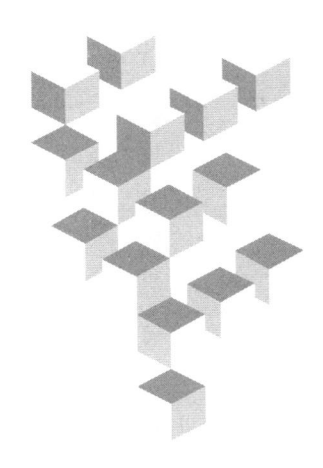

具体来说，就是两家看似八竿子打不着的公司，通过某种特殊的联系而合作。比如，一家 SUV 厂商和一个矿泉水品牌联合做活动，将汽车广告印到了矿泉水瓶上。因为 SUV 经常被用来长途旅行和野外探险，车上往往会常备一箱矿泉水。是不是既在意料之外，又在情理之中？又比如，约车平台 Uber 和招聘平台 Linkedin，2015 年曾经合作过"一键呼叫 CEO"的活动。16 个企业高管，坐在 Uber 专车上绕着清华大学转，学生通过 Uber 叫车，然后享受单对单的 15 分钟面试。原本是企业进大学找个教室搞宣讲，现在是企业高管就在大学里，你随时可以叫来聊聊，意外不意外？惊喜不惊喜？

类似这样的创意，就是善于把别人认为是"不搭界"的事，在同一个目标下整合成相互增益的资源。这样一来，就相当于是**别人一次只能做一件事，而你一次可以做很多件事，效率就会大大提升**。

说回到个人层面。如果我们把各种技能想象成一棵树，地面上的枝叶是专业技能，比如会计要求的财务知识、律师必备的法律知识，而地下的根蔓，就是我们跨界所必备的"可迁移的"核心技能。如果一个人的主职是营销数据分析师，天天都要接触各类企业，要用到收集资料的能力、语言表达能力、分析问题的能力、沟通力、快速给予解决方案的能力，那么在此基础上，还能"迁移"出什么别的技能？稍微一想你就会意识到，这个人会是个非常有资质的"职业生涯规划师"，因为别人都只能用自己的经验告诉你某个特定行业是什么样的，某个公司值不值得去，可是这个人却能站得高看得远，告诉你行业的整体面貌，对各个公司的优劣进行量化分析和比较。

所以说，"营销数据分析师"和"职业生涯规划师"看似是两个职业，但是把前者的核心技能"迁移"出去，就自然得到了后者。稍加改变，就又是一片蓝海。如果你不知道怎么做一个跨界的"斜杠青年"，也可以按照这个思路，先分析一下自己的可迁移技能，然后以此为轴心，去寻找合适的跨界方向。

当然，你可能觉得自己原本的能力就没有那么炫酷，能迁移出什么好的方向呢？这就有点妄自菲薄了。其实，几乎每个人的可迁移技能，都远比自己想象得多。我们应该给自己的核心技能一个施展机会。在忙忙碌碌之余，每个人都应该静下心来想一想，在做了那么多事的表象之下，**我们的核心技能到底是哪些，它们相互之间是什么关系，应该怎样运用，才能互有增益，跨界迁移。**

TIPS：

小学问：技能迁移不是平均用力，而是发现自己的核心技能，为它们拓展应用场景。这样，它们就能跨界组合，表现为新的形态，使你的能力产生指数级的增长。

第四节
"换位思考"都是耍流氓？

"换位思考"这个说法我们常听，不过且慢，"换位"真的是一种"思考"吗？或者说，当人与人意见不同产生分歧时，站在对方的角度想问题，就真的能消除纷争，取得共识吗？

举个例子。一个女孩子，25岁，依然单身。她妈妈每天给她打电话催她找对象，还说什么黄金年龄已经过了，年龄越大找对象会越困难。女生听了超级烦躁，该怎么办？有人会说：你可以劝她换位思考一下，或者是劝她妈妈换位思考一下嘛！

好，现在女孩子站在妈妈的角度想："她之所以絮叨，是因为担心我将来没有依靠，害怕我孤单。我一直没有成家，她在三姑六婆那边也有不小的压力啊。"接下来，妈妈也站在女孩子的角度想："年轻人正是事业的上升期，这时候不拼一下以后怎么办？没遇到合适的人，与其将就，还不如一个人来得快活啊。如果急忙忙把自己嫁了，天知道会遇见什么人？"

到了这一步，你猜接下来会怎样？大家相互谅解，女孩子赶紧找对象，妈妈再也不唠叨？哪有这样的好事！女孩子会继续想："可是，虽然妈妈的出发点是好的，但她也不能把压力都放在我身上啊！谁不想有幸福的爱情呢？现在条件不允许嘛！而且，我换位思考体谅了她，她怎么就不能同样换位思考，体谅一下我呢？"妈妈则会继续想："可是，虽然女儿现在忙，但是年轻时谁不忙？终身大事，再忙也要抽出时间啊！现在看这个不行、看那个不行，谁都不肯将就，以后年纪大了，现在你看不上眼的，兴许还看不上你呢！唉，这个死丫头，怎么就不能换位思考，照顾一下老人的感受呢？"

发现没？问题并没有解决，而且情绪还可能更为激化。因为站在对方的角度想，你能意识到对方"有一定道理"，但是回到自己的角度，你也一定能想到对方"其实还是有很多没道理的地方"。而且你觉得自己已经换位思考过了，一定会反过来觉得现在轮到对方来体谅你了，而一旦对方没有这样的表现，你就会愈加觉得对方"不讲道理"。

所以，严格意义上说，"换位"并不是一种思考，而是一种感受情绪的方式。**而对于那些本来就是由情绪引发的问题，换位思考反而有可能加剧双方的负面感受。**

当然，问题的根源，并不是换位思考本身有什么不好，而是我们在进行换位思考时，没有在双方之外找到一个客观的依据，以至于说来说去，都是两个人之间非此即彼、你输我赢的关系，怎么能化解矛盾冲突呢？

那么，这个"第三方客观依据"，到底又是什么呢？先来看个真实案例。

在北京有一家与我们有业务关联的公司。原本，他们公司的地址在东三环外，但随着业务扩大，老板决定换个更好的地方。他们找到了地产中介，看中了西北四环一个Ａ级写字楼，空间宽敞，租金适中。于是，HR就给公司所有人发邮件，跟大家说明意向。结果当天晚上，许多同事纷纷表示反对，认为新公司离家太远，交通很不方便。但也有人说，新公司环境不错，很开心。现在你看，像这样的分析，如何通过"换位思考"来解决？公司离你家近，又不是离我家近，我要是你当然支持，可这又有什么意义？相反，如果你更看重的是"工作环境好"，觉得离家远点儿不是问题，这也只是你的个人选择，我能理解，但我又不是你，凭什么要这样想问题？

这就是典型的众口难调，大公司人多就一定会这样。作为公司领导，这种情况也早就习以为常。然而，有位同事用一张图就打动了老板，让他重新考虑

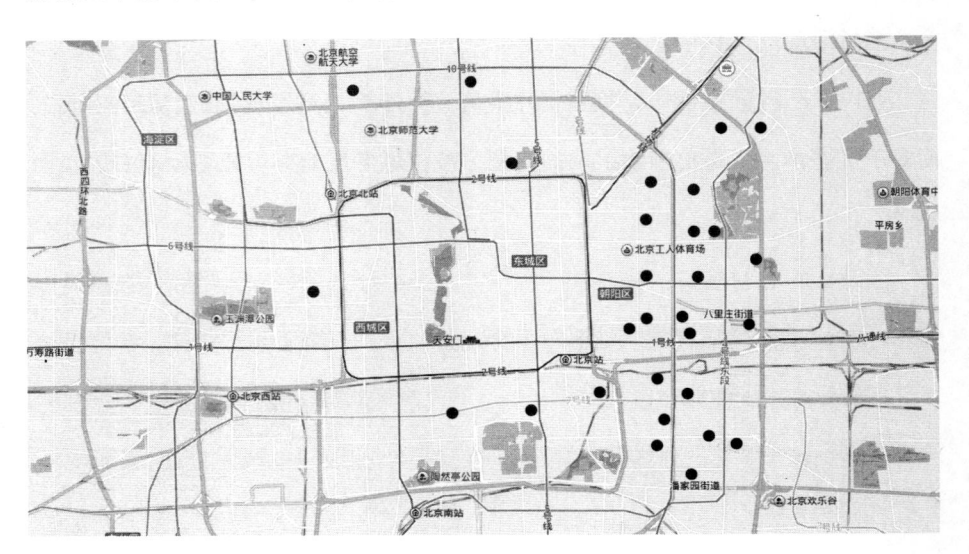

新公司的选址。

在这张北京市地图上，每一个圆点表示一位员工的住址，圆点越集中，就表明在此居住的员工越多。我们把这种图叫作员工住址"热力地图"。你会非常直观地发现，圆点最集中的地方是东三环和东北三环，而从这里去新公司要跨越小半个北京，还要经过最拥堵的路段。算上每个人花在堵车上的时间成本（交通高峰期的数据手机上就能查到），"更好的工作环境"和"更低的租金"真的划算吗？这些都是可以计算出来的。一张图胜过千言万语。**每个人的意见，支持或反对，都不过是摸象盲人般各持己见，零散的个人意见对老板的决策毫无帮助**。老板需要知道的，是那头"大象"究竟长什么样。而展现事物全貌的，不是所谓的"换位思考"，而是"数据型思考"。

有一个空气净化器品牌要做宣传，老板专门嘱咐广告公司说："我们的净化器有很多很用心的设计，一定要让消费者知道。比如，我们的产品外观，可是得过世界工业设计'红点奖'的，这还不得重点强调一下吗？"听了这话，广告公司的专家从自己的角度表达了疑惑：对消费者而言，空气净化器的外观真的那么重要吗？买空气净化器的人，看重的应该是效果吧？强调外观设计的话，宣传重心会不会偏？会不会给用户造成华而不实的印象？可是，不管这话说得多委婉，在客户听起来都是很难受的——红点奖可是设计界的奥斯卡，我们花了这么多心血才得到这项殊荣，你居然让我们不要提？你有换位思考过我们的感受吗？话说到这个分儿上，争执也没什么意义，因为大家其实都是在自说自话，你不能代表消费者，我也不能代表消费者，我们之间有什么好争的？所以接下来，广告公司做了一项调研，访谈了1200名用户，看看他们心目中对空气净化器的各项指标到底是什么态度。

结果，在包括滤网价格、声音大小、品牌形象等在内的20多个指标中，"外形美观"这条只排在倒数第三。可以想见，如果一个品牌的宣传主要是拿外形说事儿，那在消费者心中很可能会留下负面印象。这就好比你跟人家推荐一个保姆，不夸她有多能干，却夸她有多好看，明显搞错重点了好吧？面对这个结果，原本很坚持的客户，二话不说就同意修改宣传方向，而且还连连称赞，说广告公司真是专业。

那么，这个专业性体现在哪里呢？就是典型的"数据型思考"。具体来说，**在遇到争执的时候，既不动情绪，也不相互诉苦，双方完全从理性出发，数据是什么样就是什么样，从而得出全局性的、符合客观事实的结论。**

世界这么大，我们每个人也只能从自己的角度去看。你摸到大象的耳朵，我摸到大象的腿，都只是各持一端。这个时候，换位思考所达成的共识，顶多是"大象有些地方像蒲扇，有些地方像柱子"，甚至是"大象一会儿像蒲扇一会儿像柱子"，至于大象到底是什么样子，还得用客观的方式来描述。

回到刚开始说的这个催婚问题。当妈妈说"你都25岁了，怎么还不考虑结婚"时，你要知道，**有一种晚叫作"你妈觉得你晚"，有一种不晚叫作"你自己觉得不晚"，这两个主观感受，永远都是没办法统一的。但是，数据是中立的。**比如大城市女性的平均婚龄、近十年结婚年龄的变化趋势、人均寿命和最晚生育年龄的提高,这些都是有据可查的客观事实。

所以,即使你永远避免不了亲人的唠叨,但至少现在你知道,很多问题其实根本不需要无谓的争执。养成避免这种争执的能力和习惯,能够极大地提升你的做事效率。

TIPS：

小学问：与其把时间浪费在盲人摸象、各执一词的争论上,还不如从客观数据的角度,对事物的全体做一个定量分析。

第五节
只看销售数据，你就错得太离谱了！

现在，如果你已经接受了"用数据说话"这个观念，那么接下来，还可能有一个误区在等着你，那就是**"忽视态度数据"**。

一谈到数据，很多人就会觉得，因为这是最实打实的东西，所以一定要客观客观再客观，只能统计最真实的行为，像什么情绪、态度之类主观的东西，无法量化，自然也就不是重点。也有人认为，听其言还要观其行，嘴上怎么说不重要，实际怎么做才重要。心理学上有一派叫"行为主义"，其中最极端的观点就是，你说你疼，这没意义，因为不客观，非得量化成诸如"号叫声有多大"之类的指标，才是值得研究的。

其实，这两种想法都是对数据和统计的误解。要知道，**了解一个人的行为不代表了解他的动机，而了解一个人的态度，却往往可以用来推测下一步的行为。**"态度数据"很值得研究。事实上，营销领域就经常用这个"态度数据"来理解人类行为的真实动机。

有一家著名的化妆品品牌，准备做一轮大型口红广告投放。于是，为了找准用户，市场人员做了一轮问卷调查，搜集不同用户的购买习惯。他们发现，过去一年中，有5万人曾在他们的网店购买了10支以上的口红。看到这个数据，你自然就会认为这5万人肯定是重度用户。而他们既然过去买了这么多，那未来一年肯定也会继续买。此时，如果要进行广告推广，比如群发短信、赠送优惠券等等，当然是要针对这群人，对不对？可是且慢，这些前期搜集的数据，都是所谓的"行为数据"。也就是说，这些数据只反映了消费者在什么时候、在哪里买了多少口红，而消费者为什么买，行为背后的动机和态度是什么，这些更重要的问题都还不得而知。知其然，却不知其所以然，此时贸然投放广告，很有风险。

所以有人提出，要继续做新的问卷，去测量消费者们的"态度数据"，也就是要弄清楚顾客为什么购买。结果，不测不知道，原来这个品牌的口红，居然有三种完全不同类型的顾客。

第一种顾客之所以买这个品牌，是因为这是他们能买得起的最便宜的一线品牌。也就是说，他们的内心活动是："我其实也没有多爱你，但是谁叫你这么便宜呢？将就一下喽。"而这个品牌本身的定位是中高端，而非物美价廉。所以，如果对这一类顾客继续用推送优惠券的方式促销，就会进一步强化"这个品牌档次不够高"的印象。现在是"一线品牌里最便宜"，以后可能就会沦为"二线品牌里最贵"，极大地损害品牌价值。

第二种顾客则是粉丝心态。他们不是冲着品牌，而是冲着给品牌代言的明星来的。别的买不起，口红总买得起吧？这部分的消费者占比非常大，毕竟现在是粉丝经济的时代。不过，他们其实根本不是真正的品牌用户，购买力也不够，纯粹只是因为喜欢偶像，买了表示支持。如果针对他们再做其他方面的促销，也不会有什么效果。更进一步说，这一类人的存在还可以让品牌去思考一个更深入的问题，那就是：花大价钱请明星代言，是否真的是个好办法？虽然的确多了很多顾客，但这些顾客并不一定会爱屋及乌。而如果做不到爱屋及乌，代言政策就是失败的。这也是"态度数据"的又一发现。

最后再说第三种情况，这部分消费者，真的就是冲着这个牌子来的。可以说，这群人才是品牌的忠诚用户，从态度到行动都充分支持品牌。因此，如果要推送促销活动，针对这群人就足够了。既能起到效果，又不会自降身价。

以上这个案例说明，**同样一个行为，背后的动机和态度可以大不相同**。你搜集再多的数据，如果不做态度分析，还是会搞不清状况。所以有人说，态度数据，才是"帮助营销判断的幕后之手"。

20世纪80年代初，可口可乐的市场销量不断下滑。公司竭尽所能地使出各种营销手段都不管用，最后实在没办法，就想：问题会不会是出在口味上？有没有可能消费者已经不再喜欢可口可乐的传统口感，需要换换口味了呢？于是，公司花大价钱做了非常科学的双盲测试。结果表明，果然顾客对新配方的满意度，不仅超过传统口味，而且比竞争对手百事可乐高出 6 个百分点。有了科学数据在手,可口可乐就有底气了。1985 年初,公司在百年诞辰之际,推出了"新可口可乐"(New Coke),准备打一场翻身仗。最开始非常成功,1.5 亿人试用了新品,超过以往任何产品的试用纪录。但是大多数人喝完后都非常不满意,每天有超过 1000 个电话向可口可乐总部投诉,整整三个月昼夜不息。很多人说:"改变可口可乐,就是打碎美国梦!你就算在我家烧国旗,也比不上改变可口可乐更无耻!"这是因为对很多美国消费者来说,可口可乐不仅是一个商标,更是一种共同回忆。至于口味,好不好喝还是其次。如果做科学的双盲测验,的确会发现消费者更喜欢新口味,但是一旦触碰到背后的态度和认知差异,消费者就完全不会妥协了。

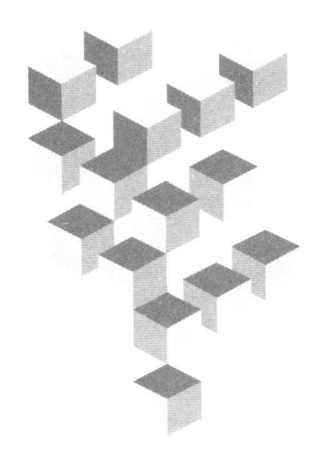

这种"态度和行为不完全重合"的现象，在生活中也很常见。比如说，同样是喜欢做饭，有些人是因为责任，有些人是因为兴趣。那你跟这两种人推销厨具，就算是推销同一个产品，肯定策略是不一样的。跟前者要强调的是效率和性价比，跟后者要强调的是新鲜的体验。如果只看行为数据，也就是做菜的次数和时间，而不看"态度数据"，也就是背后的真实动因，你对这个世界就会有很多误解。

总之，行为很容易观察，但背后的态度往往是隐形的，不那么容易发现。不过，只要你意识到态度和行为往往不一致，总还是有办法去收集这些"态度数据"的。

具体要怎么做呢？从收集"态度数据"这个思路出发，除了对其行为特点进行观察之外，你还要分析和发掘这些行为背后的价值观，就此而言，越是那些反常的现象（在传统的"数据型思维"里往往被当成特例忽视掉），**越值得你认真思考。**

以我们的父母为例。虽然近在咫尺，你知道他们的每一个行为细节，但却未必知道他们心里是怎么想的。有些老人明明退休工资不低，可是买东西总是很节省，这就是一个"反常"。而背后的原因又各不相同，有些人可能是因为从小穷惯了，没有安全感，不敢花；有些人可能是因为一直都用便宜货，根本不知道该怎样提升自己的生活品质；还有些人，则是因为省钱省出了成就感，而退休之后的生活，又没有别的成就感可言。所以你看，表面上是"有钱舍不得花"这同一个现象，其实真要分析起来，背后的原因有很多细微差别。这就是你需要掌握的"态度数据"。

针对不同心理动机，解决方案的侧重点也完全不同。有的要提供明确的理财计划，有的要丰富其晚年生活，有的要把更好的选择摆在他们面前，有的则要进行情感上的慰藉。但是一切的前提，都是不能只看到大致行为上的相似，而要进一步分析行为背后的"态度数据"。否则，单是说一句"不要舍不得花钱"，是无法帮助老人完成消费升级的。

普通人只看行为，聪明人能看到动机，而唯有动机，才能让我们预测下一步的行为。

TIPS:

小学问：同样的行为，可能会对应完全不同的动机。要正确预测人类的行为，就要注意收集态度数据，在"事实如此"之外，多想想"还有什么可能"。

第六节
为什么更应该向失败者学习？

向失败者学习，比向成功者学习更高效。

虽然我们都知道"失败是成功之母"，但是总结失败的经验教训，那也只是为了避免下次的失败而已啊！凭什么说失败者比成功者更值得学习？

这是因为，**失败比成功更具有普遍意义。**最靠谱的成功之道，其实正是"避免失败"。

首先，成功没有固定路径，否则它就不可能是稀缺品。

不信你看市面上流传的成功学秘诀，往往都是自相矛盾的。有人教你对自己狠一点，有人教你要自我接纳；有人教你反向操作，有人教你顺势而为；有人教你随机应变，有人教你价值投资。这个指东，那个指西，个个头头是道，个个都像得了巴菲特、乔布斯真传。这么多导师莫衷一是，你能找到路才怪。不过你可以反过来想，成功者的个性虽然各不相同，但他们没有任何一个人是因为这辈子做对了一个决定就飞黄腾达的。恰恰相反，他们都是在时代大潮中，不断做出正确的选择，淘汰身边的失败者，最后登顶人生巅峰的。所以，与其在这么多次选择里找出"哪个是使其成功的关键因素"，倒不如认真研究那些被淘汰的大多数人做了哪些普遍性的错误决定，这样反倒比较有启发性。

其次，成功是复杂因素共同作用的结果，而失败是一票否决制。

我们常听有人说"幸福的家庭都是相似的，不幸的家庭却各有各的不幸"。想让一个家庭陷入不幸，只需要在破产、出轨、三观不合、孩子不孝、观念冲突等诸多因素里随便找一个就行；而想让家庭幸福，诸多因素缺一不可。所以，不幸的家庭各不相同，就好比医院里的病号情况各不一样；幸福的家庭往往类似，就好比健康人的身体指标都是同一个范围。发现没？这样算下来，与其挂一漏万地总结幸福秘诀，倒不如从不幸者那里吸取教训，避免犯错，自然也就通向了成功。

最后，也是**最重要的一点**——成功的案例，非常容易带有**"幸存者偏差"**，而这恰是所谓"成功学"最根本的缺陷。

有一家高端美甲店想要把业务延伸到目前最流行的O2O到家服务。首先，他们需要确定目标人群，看看把广告投放到哪里才最有效。于是，这家店对自己的客户做了调研。他们给进店的顾客发问卷，对关注自己公众号的潜在客户做测试。最后得出结论：自己的主要服务对象是30岁左右的高知女性人群。这个结论听起来完全合理。可是，就在广告投放前，一位数据专家拦住了他们，建议他们重新做一份调查，不再只面向与该店有关的人群，而是面向随机人群发放抽样问卷。这一次，结果大不相同，数据专家认为：应该针对35岁左右，在广告营销、影视娱乐等行业工作的中高收入的男性群体来做广告。

美甲店老板很纳闷，为什么会有这么大差别？在我的店里，这类客户明明就不到10%啊？

专家解释说，这就是"幸存者偏差"的一个典型案例。因为，这一行业的男性，因为职业需要或者个人爱好，往往非常讲究个人仪表，不过，他们虽然有很强的美甲需求和消费力，但因为顾虑他人眼光，所以很少到店里来接受服务。而像这种O2O的上门服务，正是他们所需要的。所以说，第一次调查，正好把这家店未来最需要吸引的顾客，给排除在外了。

你可能会纳闷，道理我都懂，可这跟"幸存者"有什么关系？是这样的，你能看到的事实，都是经过筛选的，你可以把这想象成所有进入到你观察范围的现象，都是经过枪林弹雨的"幸存者"。你看社会新闻，总觉得世风日下、人心不古，又是坏人变老了，又是路人太冷漠，又是豆腐渣工程，又是利用善心诈骗。可是你放下手机想想，这些新闻之所以能进入你的眼帘，不正是因为它们比较特别吗？狗咬人不是新闻，人咬狗才是新闻，世界上绝大多数事件都因为"没看点"而在半路上被枪毙，根本不会被你关注到。反过来说，你能看到的热点事件，不是"幸存者"是什么？

那些经常被提到的成功者，无一例外都是极好运的"幸存者"，如果不去分析他们背后那些无法发出声音的"牺牲者"，你根本弄不明白他们到底是怎么成功的。空战的时候，飞机上任何一个部位被击中的概率都差不多，因此，要知道哪个部位最致命，不是看返航的飞机身上哪里弹孔最多，而是看返航的飞机身上哪里弹孔最少！因为这意味着在这些地方中弹多的飞机，能飞回来的概率小。这就是典型的"让死人说话"。

真正的成功者，往往都非常熟悉这种思维方式。比如台湾著名主持人曹启泰，一个经过商场大起大落的人，他30岁之前就有自己投资的电视台、饭店、婚纱店等诸多副业，之后创业失败欠债一个多亿，但是很快东山再起。于是人们纷纷找他求教："亏成这样都能赢回来，您是掌握了什么成功秘诀吧？"曹启泰却说："比起这个，我一不嫖二不赌，夫妻恩爱人又和气，在演艺圈里是出了名的聪明人。我这样的人都能亏到血本无归，你不想听听里面的原因吗？"后来，他写了一本书，不是有关如何成功的，而是老老实实讲述自己亏掉所有钱的故事。

在一片成功学的叫卖声中，这个声音，最诚恳。

TIPS：

小学问：想成功，就要多向失败者学习，因为成功者的故事，多数都是幸存者偏差的产物；失败者的经历，反而往往更具有普遍性，避免了这些陷阱，也就自然走向了成功。

第七节
"节省时间"才是最大的浪费？

提到效率，很多人的第一反应就是"省时间"。

是的，时间管理很重要。但是，把自己的日程排到最满，把休闲娱乐甚至吃饭睡觉的要求压到最低，真的就能省下时间吗？就算省下了时间，就一定能转换成工作成果吗？甚至，省时间所需要付出的额外精力成本，有没有可能跟"提高效率"根本就是南辕北辙呢？

在这里，要提供你一个不太常见的思路，叫作**"时间洞察力"**。

时间管理专家劳拉·万德坎姆（Laura Vanderkam）指出，很多人有个误区，那就是**只有对事情的洞察力，没有对时间的洞察力**。也就是说，"时间"对他们而言完全是线性的、刚性的，人唯一能改变的，只是做事的效率而已。这种思路会导致你被时间绑架，做事按部就班没有想象力。比如看书，就只能是封面、序言、正文第一章这么老老实实地从头看到尾，哪怕啃到很无趣的内容，也必须咬牙切齿读完。只有速度的不同，没有次序的不同。但是，聪明人读书不是这样，他们往往带着问题去"翻"着读，而不是按照作者的思路去"跟"着读，对症下药的就看，无关的就过。他们想弄懂一个问题，也不是让某一本书的作者在自己脑子里跑马圈地，而是自己来搜集不同知识点，搭建完成一个知识体系。所以说，"时间"对他们来说是弹性的，非线性的。**一个时间，可以处理很多事；很多碎片时间，也可以用来处理同一件事。万德坎姆进一步认为，我们不可能通过节省时间，过上我们想要的生活。正确的做法是，先决定要过什么样的生活，先确定事情的优先级，然后再让时间来配合你。**而这就意味着，时间永远是用来"分配"，而不是用来"节省"的。分配对了，不劳你费心，时间也就自然省下来了。

区别在什么地方呢？一个是"省时间"，一个是"省事情"，也就是把重点

放在排列事情的优先级上，把不那么重要的东西排后甚至取消，时间自然就充裕了，效率也自然就高了。举个简单的例子。如果我问你："这星期能每天抽出一个小时来健身吗？"你很可能会回答："我的时间排得这么满，哪还有时间去健身？"因为所谓"抽出一个小时"，这还是"省时间"的思路。可是，如果我跟你说："你家楼上漏水，家里淹得一塌糊涂。"那你算算，这件事处理起来不止七个小时吧？可是你一定能挤出时间来搞定，因为它本身的优先级是最高的。你今天先收拾重要的东西，明天打电话找人来修，后天处理泡了水的大件，大后天买点新家具什么的，总能把家里重新收拾出来。所以，问题不是出在时间上，而是出在对事情的理解上。

换句话说，当你以"最近太忙"拒绝一件事时，根本原因也不是"没时间"，而是"这件事没有我手头的事重要"。所以说，**时间只是工具，本身并不是目的。**而所谓的"时间洞察力"，就是要还原时间的工具性，把"给事情评级"当成时间管理的核心。你要学会随时评估各类事情的重要性，以便及时做出相应调整。这样，时间才能得到高效利用。

有位财经记者，专门采访各种企业家。在他原本的想象中，有钱人应该都很忙，所以必然也是"省时间"的专家。但是采访下来发现，这些人都有一个共同特点——他们从来都不想着要节省时间，而是要求时间完全被自己掌控。也就是说，他们的思路，并不是催着自己快点把事做完，而是时刻保持对时间的洞察，从而调整自己的节奏，自然实现提高做事效率的目的。比如其中一位富豪，记者问他是不是很忙，他说："没有啊，该打球打球，该聊天聊天。"记者追问："既然这样，你怎么可以一天当三天用？"富豪说："你错了，我也只有 24 个小时。但我做每件事、花费时间时都有一个明确目标，达到就走，达不到就撤。"

反观我们自己，一场电影，如果觉得不怎么样，你会坚持看完吗？参加聚会，如果气氛不佳，你会马上找借口告辞吗？应酬的饭局，如果觉得对拓展人脉没什么好处，你会第一时间坚定拒绝吗？发现没？这些常见的"浪费时间"的例子，究其根源，都是因为你的目的性不明确，对优先级不高的事情不能及时发现，不能果断退出。

所以这个记者就总结说，当有意识在使用时间的时候，也就是说，保持对时间的洞察力的时候，不管是在做什么，都不是在浪费时间。相反，就算我们以各种方式省下了大把的时间，也只不过是继续用来浪费在无聊的事上。总之，不重要的事情就不做，至少是排到后面去做，该走就走，该拖就拖，该拒绝就拒绝。只有以这样干脆利落的方式，才能把时间的效用充分发挥出来。

TIPS：

小学问：提高效率，与其"省时间"，不如"省事情"。也就是正确排列事情的优先级，时刻评估自己当下所处理事务的目的、效用、重要性。当断则断，是成为高效能人士的关键。

Chapter 6

第六章

Attractive
——情与爱的科学小秘密

爱情最大的魅力，就是"说不清楚"。

有些人觉得，爱情这东西，说白了都是套路，是能从技术上破解的，其中最极端的一群人自称 PUA（Pick-up Artist），也就是"调情高手"。他们认为，跟异性交往的每个环节，比如怎样搭讪、怎样得到联系方式、怎样进一步发展等等，都有明确的招式。只要善于总结，不断练习，就能掌握一些普遍规律，无往而不胜。这种想法，当然有一定道理，毕竟看过古龙《七种武器·孔雀翎》的人都知道，单纯只是"觉得"自己拥有无坚不摧的利器，就算手里拿的其实只是赝品，也足以令人更有信心、更有魅力。不过，也正因如此，你始终要记得，重要的是自信，而不是那些道听途说、别人能用你却不一定能用的街头智慧。如果念对了咒语就能让心仪的对象乖乖跟你走，那那些教人恋爱技巧的书籍，岂不成了扰乱社会的危险品？

还有一些人，想进行暴力破解。他们觉得，既然爱情捉摸不透，那就别管它了，不是还有颜值、才华、财富这些看得见摸得着的东西吗？从这里着手不就好了？正如《简·爱》里的名句："如果上帝赐予我财富和美貌，我一定会让你难以离开我，就像我现在难以离开你。"拒绝一个人的理由，无非就是穷和

导言

丑。爱情,不就这么点子事吗?

可惜,还真不是。《庄子·内篇·德充符》中讲过一个故事,鲁国有个人叫哀骀它,相貌极丑,也没有特殊才干,可是不知为什么,他还没开口,别人就觉得他可靠,他还没施予恩惠,别人就觉得他可亲。不管男女,都喜欢跟他接近,甚至一国之君也愿把国事托付给他。为什么?庄子讲得很玄乎,"才全而德不形",意思是才智完备又不露锋芒。用现代一点儿的话说,就是"具有一种莫名的吸引力"。这个例子很极端,但这种人你一定见过。我们身边就是有些人,说不上好看,说不上有钱,但就是莫名其妙给人一种亲和感,让人觉得心理距离比较近。更妙的是,这种魅力不分男女,不像很多情场得意的人那样,在异性中间多受欢迎,在同性中间就多遭嫉恨。恰恰也是这种人,感情生活最幸福、最稳定。

关于"爱情是什么"这个永恒的问题,你大可以继续相信缘分,但本章的目的,只是告诉你几个有关"吸引力"的小学问,让你知道应该朝什么方向努力,使自己成为一个受欢迎的人。

该来的总会来,在此之前,要让自己准备好。

第一节
早恋为什么禁止不了？

爱一个人需要理由吗？不需要。所以，当你的另一半问你"你喜欢我什么"时，千万不要认真回答，她/他真正的意思其实是："我想听表扬，请开始你的表演。"

成为一个受欢迎的人，需要理由吗？非常需要。虽然爱情的发生是随机的，但如何提高这个概率，却大有学问。不管是恋人还是朋友，**所谓"吸引"，归根到底就是一种"有奖赏意义的感知"**。我接近你，能给我带来物质或精神上的奖赏，那就意味着你对我有吸引力了。而针对吸引力的来源，美国著名心理学教授罗兰·米勒（Rowland S. Miller）总结了五个因素，分别是：**外貌、接近性、互惠性、相似性和障碍**。我们分别来讲讲其中的学问。

一、外貌

坏消息是，不管承不承认，我们自打出生起，就天然的都是"外貌协会"的成员。好几项独立研究得出一个共同的结论：连婴儿都是以貌取人的。甚至刚出生一周的婴儿，他的目光也会在长相较好的人身上停留较长时间。从进化的角度看，这种天生"势利眼"是有必要的，因为人类普遍的审美标准背后都蕴含着健康、年轻、精力充沛等生理意义。外貌是潜在伴侣基因健康状况的视觉指标，客观显示着双方后代的健康和容貌情况。同时，基于"美即是好"的模式化观点，绝大多数人会认为外貌出众的人还具备良好的社交能力和心理健康等特质。所以说，我们对他人做判断时最直觉性的要素，也就是所谓的"眼缘"，是不容忽视的硬指标。

好消息是，人毕竟不是动物，不会像孔雀那样，由于性选择压力，不得不在外表上进行无休止的军备竞赛。这里所说的"外表"，只是指仪表整洁、身材匀称、精神饱满、适当修饰这样一些基本的要求。

这里有个误区。很多人以为，既然貌不如人，那我干脆放弃这个战场，直接进入"内在美"的层次好不好？人丑就要多读书嘛！等我成了世界首富，谁还敢说我丑？这其实是把问题想复杂了。其实，与其用惊天动地的成就让人忘记你长得多油腻，倒不如勤洗澡多运动，更有助于提升你的吸引力。进一步说，新西兰社会心理学家加思·弗莱彻（Garth J. O. Fletcher）有个关于"择偶权衡"的实验。他发现，**在性格、长相和资源这三者中间，无论男女，选择长期伴侣时首选的其实都是性格**。只有在不考虑性格的情况下，才会有男生将长相摆在第一位，女生将资源摆在第一位的区别。也就是说，"第一眼就引人注意"当然很重要，但是，你的长相只要在平均水平也就可以了。让你心心念念的那些帅哥美女，也并不一定就比你拥有更多优势。

二、接近性

所谓"接近性",简单说就是:**两个人越有交集,感情越能得到回应,彼此的吸引力就越大。**

美国心理学家利昂·费斯廷格(Leon Festinger)的研究发现,"接近性"对于情感的影响比我们想象中大得多。他把 270 个学生随机分配到不同寝室,结果,相邻两个寝室的学生有 41% 的概率发展成好友,但如果各自在楼道两端,概率就迅速下滑到 10% 以内。而且,接触得越多,就越能增加喜爱程度,这也就是所谓的"曝光效应",因为重复见面会增加心理奖赏的程度。心理学家罗伯特·扎伊翁茨(Robert Zajonc)做过一个实验,他让密歇根大学的学生观看毕业纪念册(事先确定受试者不认识纪念册里的任何人),看完后,再拿来一些单独的照片,让他们按照喜欢的程度打分。这些照片里的人,有的在纪念册里出现了二十几次,有的出现十几次,而有的则只出现了一两次。结果发现,在纪念册里出现次数愈高的人,被喜欢的程度也就愈高,跟这个人本身的颜值反而关系不大。看的次数增加了喜欢的程度,只要人、事、物不断在你眼前出现,你就有可能产生喜爱的感受。

所以,物理上的接近会带来心理上的接近,人就是这么现实。如果你相信"有缘千里来相会""两情若是久长时,又岂在朝朝暮暮",天天隔空写情书,爱上邮递员的可能性反而更大。同样,也不要用老套的"欲擒故纵"来吊人家胃口。**若想增强人际吸引力,就要留心提高自己在对方面前的熟悉度,尽可能安排共同参与的活动,大胆地表现出自己的心意,才能拉近两个人的距离。**

三、互惠性

我们天性上就觉得付出应该是相互的,所以更容易喜欢上那些喜欢我们的人。这不仅因为别人喜欢我们,让我们很有面子,更重要的原因是,**我们天生害怕被拒绝**。而换个角度看,对方喜欢我们的程度,其实就是对方接纳我们的可能性。所以,**真诚的赞美,永远是接近内心的捷径**。

四、相似性

我们更容易喜欢上那些和我们一样的人。这种偏好,在生活中随处可见,但人们很少注意。比如,在美国费城(Philadelphia)和弗吉尼亚(Virginia),名字叫 Philip 和 Virginia 的人不成比例地多;而地理学家(geographer)之中,最常见的名字则是 George 和 Geoffrey。如果问这些人为什么起这个名字,为什么搬到这个州,为什么学这个专业,对方不一定会意识到是因为这种相似性。但是统计数据表明,这是一种客观存在的潜移默化的影响。

反过来说,展现相似性,同样也是一种示好的表现。比如说,一起交谈的人里,地位低的会不自觉地模仿地位较高者的表情和动作,对你有好感的人会特别积极地回应你的情绪和话题,领导讲的笑话总是会特别"好笑",群里回复"哈哈哈哈哈哈"的比回复"哈哈"的对你更上心。就连俗话所说的"夫妻相",也是因为一方面我们会被跟自己相似的人吸引,另一方面也比较容易被喜欢的人影响,做出跟他们一样的表情,久而久之,真的越长越像了。

当然,也有人说同性相斥,异性相吸,差别越大的人,反而越容易在一起。这个说法,有四分之一是正确的——差异性中的"互补"部分,在两性关系的后半程,特别是在后半程中发生矛盾时,是很重要的。也就是说,直觉上,我们更喜欢和我们相似的人，但从长期相处的角度来讲，大处一样、小处不同的人，更容易化解矛盾，更适合长期相处。在前一个阶段，也就是两人开始交往时，共同话题越多，三观越契合，聊得越开心，也越能建立稳定的情感关系。但是，交往时间长了，你们所面临的主要问题，就从"是否契合"变成"是否能持续产生新鲜感"，以及"出现矛盾时如何化解"，于是"互补性"就变得非常重要。比如爱好上的互补，能保持两人活动领域的相对独立。这在前期固然会产生"玩不到一块儿去"的问题，但在情感的稳定期，却能避免厌倦感和互相挑剔。而性格上的互补，在前期固然会导致两人"不在一个频道上"，但是在遇到矛盾冲突时，不在一个频道，反倒能避免双方针尖对麦芒、气头上话赶话，让局面变得不可收拾。

但是，要注意，这里说的是"互补性"，而非单纯的"差异性"。一个爱社交一个爱居家，你主外我主内，这叫互补；一个喜欢直接沟通，一个喜欢闷声憋着，这显然不是互补，双方完全不能互相满足需求。归根到底，我们喜欢的是能让我们快乐、能给我们提供支持的伴侣，而不是差异性和新鲜感本身。

五、障碍

这个因素，跟前四项都不一样，它根植于人的逆反心理。简单说就是：**越得不到的越想要，越有人反对就越坚定**。有人把这种行为模式叫作"罗密欧与朱丽叶效应（Romeo and Juliet effect）"。如果没有长辈营造的紧张感，哪有年轻人轰轰烈烈的爱情？张爱玲也说，不管红玫瑰白玫瑰，娶到手的就黯然失色；可望而不可即的，才有资格成为心口的朱砂痣、床头的明月光。这是另一个人生阶段的"障碍"所导致的心理吸引。

身边最常见的案例，就是早恋。校园环境本来就给青少年提供了以上所说的接近性、相似性、互惠性的优势，再加上老师家长三令五申、无所不用其极的防范与惩罚的"障碍"，简直就是天然的爱情催化剂。不过，早恋之所以大多不靠谱，也正因为这个环境太适合谈恋爱，吸引力的触发条件太充分，导致任何两个人都可能产生情愫，反而没办法了解两人合不合适、是不是真心。

由此可见，"障碍"这个因素，往往也带有一定的危险性。障碍毕竟是暂时的，逆反心态毕竟也不是爱情。当你意识到对方的吸引力纯粹来自"得不到"时，一定要多加小心。当然，除了保持警惕，还有一种合理的方式可以正向利用这种心态增加自己的吸引力，那就是"展现自己是个很受欢迎的人"。一个人越是受欢迎，就意味着成为其亲密的朋友／恋人的难度越大，而这本身就是一种"障碍"。社交场合中你常会发现，很多人都乐于标榜自己"应酬多""忙不过来"。虽然他们大都是以抱怨的口气说自己是在"瞎忙"，但其实质上的目的，是想通过"我很受欢迎"来进一步增加自己的社交魅力。在两性关系中，这个原则同样有效，适当地展现自己的异性缘，只要不带"花心"的态度，是会起到正面作用的。

这里有两个误区，一是在被追求时"欲擒故纵"，显得自己很难接近，希望以此增强对方的兴趣；二是在追求别人时表现得死心塌地，希望通过证明自己的专一重情，打动对方。

欲擒故纵为什么错？因为"障碍"所产生的吸引力来自于"得不到"（这是加分项），而不是"对方不喜欢自己"（这是减分项），而欲擒故纵，会让对方觉得你没那个意思。死心塌地为什么也错？因为"我的眼里只有你"，在对方心中产生的感觉顶多是感动,而不是魅力值的提升,所谓"十动然拒",就是这个道理。持有这两种错误思想的人,如果碰到一起了还好说,正好是一个拼命追,一个死命逃,明明心里都乐意,却能共演一出俗套的言情剧。但是,如果他们分别遇到的都是正常人,那就很尴尬了。

TIPS:

小学问:吸引力,可以来自外貌、接近性、互惠性、相似性,也可以来自障碍。掌握这些影响因素发挥作用的原理,了解它们相互之间的作用关系,就可以主动提升别人对自己的好感度。

第二节
女生，真的比男生更唠叨吗？

黄易的《寻秦记》堪称"穿越种马文"的鼻祖，但它至少说对了一件事：**对异性的理解力，本身也是一种重要的魅力**。小说主角项少龙是穿越到战国的现代人，他之所以大受女性欢迎，除了知识和能力上的优势外，很大程度上也是因为他比当时的男性更理解女性。也就是说，他懂得尊重女性。单是这一点，就大大领先于同时代人的见识。由此可见，在"理解异性"这一点上开了挂，不必成为"高帅富"，也能提升魅力值。

然而两性关系最大的问题正在这里。不管男生女生，往往都会对异性有很多不切实际的刻板印象，以至于你眼中的"男人味"，变成对方眼中的"直男癌"，你心中的"女性魅力"，恰是对方心中的"矫揉造作"。随着阅历的增长，很多人发现，年轻时觉得最拉风炫酷的爱情桥段，原来满不是那么回事。**两人长期相处，能避免误解，才是最重要的前提**。所以，要有异性缘，首先得避开有关两性的一些常见误区。正确的理解，才是提升吸引力的正解。

首要的一个误区是：女人天生就比男人唠叨。

中国俗话说：三个女人一台戏。

西方俗话说：两个女人等于一千只鸭子。

女人话多，似乎是古今中外的共识。心理学家布列兹丁（Louann Brizendine）曾经统计，女性平均一天要说两万个词，男性只有区区七千个。当丈夫用完自己的配额下班回家，妻子还有一万三千个词没说呢，能不唠叨吗？

且慢，先问自己几个问题：说女人话多的，通常是什么人？男人。

什么样的人可以嫌别人话多？地位比较高的人。

同样讲半个小时，在员工就叫"没重点"，在领导就叫"深入透彻"。话多话少，绝对值只是一方面，更多的主观感受其实是相对于"话语权"而言的。话语权较低的一方，才有"话多"的问题。昆汀·塔伦蒂诺的电影就经常反用这个原则，用大段毫无意义的台词来彰显权力感——被枪指着脑袋的人，绝不会觉得对方"啰唆"。

学者芭芭拉与吉恩·埃金斯（Barbara and Gene Eakins）拍摄了几所大学教职员会议的全过程，通过分析录像发现，几乎所有男士发言的频率都比女士高，毫无例外，每位男士的说话时间都比女士长。根据记录，男性每次说话，长达 10～17 秒；而女性的发言，长度却只在 3～10 秒。说话时间最长的女性，讲的都没有说话时间最短的男性多。美国东北大学的戴维·拉泽（David Lazer）跟他的同事用微型记录装置研究了 133 位志愿者的交谈。这些人被分到两种环境：一种是随意聊天的环境；另一种则是有主题的讨论，也就是"任务驱动型"交谈。结果，在随意聊天时，男性和女性的谈话意愿相当；在任务驱动的合作性环境中，当群体人数较少时，女性胜出；人数超过6人时，男性说话更多。美国杨百翰大学和普林斯顿大学联合开展的一项研究也表明，几乎在任何专业场合，男性都会占用或分到更多发言时间。女性则会对自己的话语进行自我审查和编辑，会为说话太直率感到抱歉。但男性则毫无这方面的顾虑，甚至在没有被问到的情况下也会咄咄逼人，甚至还会跟意见不同的人展开辩论。

简言之：人越多，场合越正式，男性就越爱讲话。

出现这种现象，主要是因为男女两性对于"说话"的理解不同。

对大多数男性而言，言语对话就像一场竞争，借由说话，可以展现个人的独立性，彰显自己的社会地位。所以，他们的重点是表现自己"不一样"，比如男性喜欢说"我告诉你啊""这你就有所不知了"之类的话。而对于大多数女性而言，语言不是用来竞争，而是用来沟通的。所以，她们的重点在于维系彼此关系，展现彼此的相似性。比如女性喜欢用"没错""对呀""我也这么觉得"之类的话，顺着对方的话题讲下去。所以，男人在公众场合话多，女人却在私密场合话多。就好像平常在家中，母亲可能话多；一来了客人，父亲就喜欢高谈阔论、把酒言欢。进一步来说，男生跟女生聊天的模式也很不一样，女生是**"重叠型谈话"**，男生则是**"交替型谈话"**。当一群女生说话时，话题往往是共享的，她们说话的模式是大家一起说；而当一群男生聊天时，他们的话题往往是专享的——你说就是你说，我说就是我说，谈话必须交替进行，不能掺和。

假设现在有A、B、C三个女生一起谈论她们的国庆假期。她们的谈话一般会是这样子的：

A："我跟你们说，我上周去马来西亚玩，那里的海滩好漂亮哦。"

B："哇，真好，我今年夏天到现在都还没去过海边。"

C："是呢，我男朋友也老是说要带我去海边，但一直都只是说说。"

A："哎呀，所以我去马来西亚时，就一直在做笔记，把合适的景点都记下来，下次，我们就可以一起去啊。"

这就是典型的女生谈话，一个人提出话题，其他人七嘴八舌地补充。但是补充和打岔的那些人，并不是要把话题抢走，而是想借由"打岔"来参与，借由"相互附和"把气氛带起来。这个去海边玩的话题，在她们的理解中是一群人"共享"的。所以，尽管女生喜欢插话，但并不是在打断，反而是在附和、

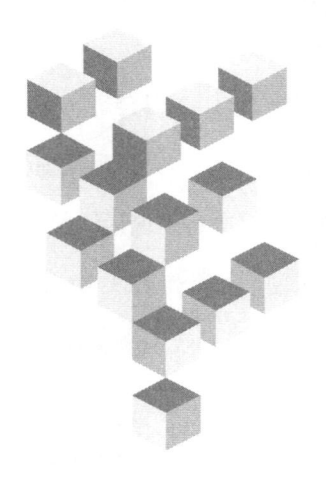

补充、参与、完成这段对话。所有人的谈话是重叠在一起的。

反观男生的习惯，则是强行扭转话题，然后把关注点引导到自己身上，从而开始发表自己的长篇大论。

A："我跟你们说，我上周去马来西亚玩，那里的海滩好漂亮。"
B："马来西亚这个地方是真不错，去年我在吉隆坡看到……"
C："要说出去玩还是要找些小众的地方，上次我去地中海一个小岛……"

这就是为什么男生特别强调"不要打断别人说话"，因为男生的打断，真的是打断。即使接话时很客气，看起来像是顺承了对方的说法，其实也是在另起炉灶。所以他们讲话时，通常心里很清楚这是谁"专享"的话题。原则上说，任何时候都只能有一个中心，旁人就算附和，也不能抢"主题发言者"的风头，否则就是失礼。

这样一来，从旁观者的角度看，就会觉得女生说话七嘴八舌，男生说话则是轮流高谈阔论。因此，就算说的一样多，也会觉得是女生比较爱说话。而当男女之间进行对话时，"专享"与"分享"的矛盾，就会更加明显。

洛阳理工学院的袁宏智副教授针对男女说话模式进行了跟踪实验，在对 11 组男女的 31 次谈话录音进行分析之后，他发现男方重叠女方谈话 9 次，打断 16 次，而女方没有重叠男方，打断男方仅 2 次。重叠和打断，往往会造成女方的沉默，使男方获得改变话题的机会。语言心理学家汉考克（Hancock）和鲁宾（Rubin）也观察到，在大约 3 分钟的对话里，女人平均只会打断男人 1 次，但男人打断女人的次数多达 2.8 次。而且在表达要求时，女性往往是"旁敲侧击"，男性却习惯于"直截了当"。

可见，当男人说"女人更喜欢说话"时，一定要注意，这固然有一定的生理和事实依据，但更多的则是由**谈话模式和权力关系**造成的。**男人要警惕自己专享话题的习惯变成专横霸道，女人则要防止自己分享和倾听的习惯变成懦弱和退缩。**男女之间相互注意到对方特殊的说话方式，才能聊得开心。

TIPS：

小学问：善于倾听，是最大的加分项。想成为异性眼中好的聆听者，你就必须理解另一半的说话模式。不要被"女生话多"的刻板印象误导，而忽略了两性在权力关系、对谈话内容的理解、分享话题的习惯上的各种差异。

第三节
女生,天生就是购物狂吗?

两性之间常见的误解,除了说话方式,还有一项是**消费观**。

说到女人爱购物,每个男士都有吐不尽的苦水。平时小鸟依人的女友、老婆,到了购物广场,仿佛变了个人,看看这个店的衣服,摸摸那个店的包,逛得不亦乐乎。与此同时,男同胞们往往是垂头丧气地跟在后面,深切地感受着浪费生命和金钱的双重痛苦。的确,表面上,商场里女性比较多,购物车里的东西也大都是女性的。生意人常说"女人的钱好赚",这不都证明女生就是比男生更喜欢花钱吗?

然而,事情还有另一方面。2008年~2013年"中国网络购物调查报告"显示,网购用户中,男性比例平均高于女性,网购人均金额也要更高。而且,如果按照网购花费的金额划分等级的话,等级越高,男性在其中所占比例也越高。在顶级消费者中,男性占比69.1%,是女性用户的两倍多。虽然女性网购时间长,但从销售额来看,男人的网购消费实力反而比女性更强劲。所以,让我们先把那些刻板印象抛开，看一看男女两性在购物这件事上，到底有什么样的实质差异。

在对于消费品的关注上，男女并没有什么不同。女生凑在一起，固然会更多地讨论衣服、鞋子、包包，男生不也一样会热议手机、相机、电脑吗？女生固然有时只逛不买，男生不也是经常在网上干聊各种车型的优劣吗？难道他们每辆都买过？问题的关键，是男女对于"逛街"的理解不同。**男生并不是不喜欢花钱购物，也不是不喜欢讨论消费，他们只是单纯地不喜欢逛街，因为逛街的目的性不强。**同样是出门购物，**男生是"买"，女生是"逛"。女生通常计划性和目的性没那么强，比较能享受逛街本身的乐趣。**"逛"是前提，至于买到什么，一切随缘。所以女生对计划外商品的打折促销、新品推荐会比较感兴趣，就算买不到原计划的东西，也不会像男生那样焦虑。来都来了，还可以试试别的嘛，说不定有更好的呢；即使什么都不买，至少了解了流行趋势和市场行情，总是有收获的。

像这样的性别差异，其实是根植于人类社会最早期的社会分工。针对这一差异，美国著名心理学家戴维·巴斯（David Buss）提出了"狩猎/采集"理论。该理论认为，在农业文明前，狩猎和采集是全人类共有的生活方式，在这一阶段出现了两性分工，**男性狩猎，女性采集。**自打人类告别动物界开始，女性的大部分时间都花费在照顾孩子和收集食物上，男性则扮演猎人的角色。考虑到人类作为一个拥有20万年历史的物种，只是在差不多一万年前才进入农业时代，所以这种"狩猎/采集"的生活方式，一定对我们的基因具有更深刻的影响。

这种分工，会对男女两性造成什么影响？狩猎的对象，是会跑会跳会伤人的动物。所以，男人在狩猎前需要准备充足，身体和精神都处于高度紧张的状态；狩猎时要全神贯注，速战速决；狩猎后，满脑子都想着赶紧回家，彻底放松。归纳起来就是三个字：**快、准、狠**。女性由于负责采集，需要在各种植物中不断寻找，分辨出可供全家食用的口粮，尽可能采集更多种类、更多数量、更好质量的食物。这项工作虽然不会像打猎那样激烈，但也存在一定风险：有可能找不到足够的食物，有可能收集到难吃甚至有毒的食物。所以，关键的技术在于"挑选"：**一方面扩大选择的范围，一方面提高选择的技巧**。

你看，这是不是很像逛街？你没有明确的目的一定要获得特定的东西，但是"尽可能选到最好的"这个原则却始终不变。大大小小的商品柜台，对于女性来说只是丛林的一个变种，挑选和对比的本能依然存在，只是标准从"好不好吃""有没有毒"变成了"颜色漂不漂亮""手感好不好""性价比高不高"等。

进一步说，男生之所以普遍方向感比较强，也正是因为他们是在用"目的"来导航，而女生则是在用"路线"导航。比如说，男生会先确定东南西北，然后向目的地的大致方向走；而女生会在脑子里构建一条由具体事物（比如这里有家咖啡厅，对面有家花店）组成的路线，然后沿着其中的地标走。有句调侃的话说：男人永远读不懂女人，而女人永远读不懂地图。其实这是因为女生根本不看地图，她们更喜欢记住具体的标志物，而不是抽象的方位。实时大脑扫描表明，女生找路时更多地是使用负责高级思维功能的额叶区，而不是基本定位功能的海马体。有趣的是，在人为提高睾酮水平后，女性会更多地动用海马体，从而增加方向感。这也进一步印证，两性在方向感上确实有生理性的差别。

不过，别以为找路就只能靠男生。很多人都有这样的经验：女生虽然不知道开车去商场的路线，但是一旦到了商场里面，她们却能非常清楚地记得任何一家专卖店怎么走。这不是因为女生是购物狂，而是因为女生对于具体事物的记忆比男生强。所以，当身处复杂环境之中，需要通过事物与事物之间的关系来定位自己的时候，女生可是比男生强得多的。

总之，既然关于逛街，两性的喜好都是铭刻在基因里的，所以不要试图改变你的另一半，也不要发脾气。相互理解异性的购物习惯，就能避免很多争执。**对于男人，购物的目的是解决需求，成就感来自"买到东西"本身；对于女人，购物更像是一种探索和发现的娱乐行为，看似漫无目的，实则乐在其中。**所以，如果你想让男友更加乐意陪你逛街，那么在前期，你就需要求助他的建议，增强他的参与度，让他有种"达成目标"的感觉。而如果你想在陪女朋友逛街的时候让她更开心，那就不要催她做决定，跟她一起把商场当成博物馆和游乐园，看得尽兴玩得开心，才是最重要的。

TIPS：

小学问：逛街之所以容易引起矛盾，是因为两性对此有完全不同的理解。"狩猎/采集"理论，可以用来解释很多细节上的不同，帮助你跟另一半和谐出行。

第四节
女生，真的比男生更柔弱吗？

在谈论男女性格时，有个最普遍的概括，就是男生刚强，女生柔弱。莎士比亚直言不讳："弱者，你的名字是女人！"（Frailty, thy name is woman！）究竟是因为男性天生勇敢，女性天生温柔，还是因为我们先相信了这一点，于是才鼓励男生勇敢，要求女生温柔？换句话说，当父母斥责孩子"没个男孩/女孩样"时，到底是因为男孩/女孩就必须得是那个样子，还是因为他们一直这么说，所以男孩/女孩最后就变成那个样子呢？

要说清这里面的先后关系，先来看一个有关"粉红色"的研究。

在美国的医院，人们给男婴准备的衣服是浅蓝色，而女婴的衣服则是粉红色。一项有 48 个 1 岁内的婴儿参与的实验发现，有 75% 的女婴穿着为粉红色，79% 的男婴穿着为蓝色。可见，这种颜色划分，从一出生就被决定，且一直延续到成年。

但是，为什么我们都会认为粉红色就是属于女生的颜色？

关于这个说法，最早的一项研究是在 1893 年。在该研究中，孩童及成人被要求观看不同颜色，并挑出自己最喜欢的。当时人们就发现，年轻女性比较偏好红色系。因此，后来很多玩具制造商振振有词地宣称，有关性别的刻板印象并不是他们造成的。之所以女生的玩具大都是粉红色，男生的玩具大都是浅蓝色，只是顺应了男女两性的天然喜好而已。但是也有人指出当年的研究不够严谨，因为它只是揭示了一个既成事实，却没有进一步解释不同性别对于颜色的偏好是因为什么而产生的。也就是说，后天存在这个区别是不假，但是这个区别本身，到底是后天形成的，还是先天就有的，实验并没有给出答案。

于是，在 2007 年，英国纽卡斯尔大学神经科学家赫尔伯特（Anya Hurlburt）进行了另一项实验，推测女性之所以更偏好红色系，也许跟她们在原始时代负责采集的习性有关。当女性在丛林中采集浆果时，视觉上对于红色的敏感，有助其在一堆尚未成熟的绿色果实中发现已经发红的成熟水果。这项"女孩偏好粉红的科学证据"当年被媒体大肆报道。可是，事实真的是这样吗？女孩子真的天生就与粉色挂钩吗？毕竟，先有结论然后再去寻找证据，是怎样都能找到一些似是而非的东西的。如果说，女性在采集时喜欢红色的浆果，所以天然就比较喜欢红色系，那么男性在打猎的时候喜欢看到猎物见血，不也可以解释成男人才比较喜欢红色？

这还真不是抬杠。要知道，粉色真的曾和男子汉气概联系在一起，它被认为是冲淡的红色，是同力量关联的颜色。直到 1914 年，美国报纸《星期日前哨》(*The Sunday Sentinel*) 还在建议妈妈们"给男孩用粉红色，给女孩用蓝色，以遵从习俗"。直到"二战"后，美国等国家才开始转而给女孩用粉色，给男孩用蓝色。而在 1918 年，商业杂志《恩肖的幼儿部》(*Earnshaw's Infants' Department*) 更是详细论证："粉色更适合男孩，因为粉色是一个强烈而果敢的颜色；相比而言，蓝色比较沉稳优雅，更适合女孩。"而且，粉色是从红色中延伸出来的颜色，传统上很多国家的军服都是红色的（由于伪装的需要改成绿色是 19 世纪末的事），在感官上一下子就能让人联想到男孩。而蓝色宁静沉稳，像天空和海洋，圣母马利亚的袍子也是蓝颜色的，所以那时的人认为，蓝色才更适合女孩。

此外，还有学者指出，像这类关于色彩偏好的研究，其实都有一个盲点，那就是他们实验的对象——一律都是超过 3 岁的孩童及成人。要知道，孩童在 3 岁后，就已经开始意识到自己的性别，而他们的偏好已经被父母和朋友等亲近的人深深影响了。这个时候的研究，又怎能揭示出男女天然的性别差异呢？

为了研究两性对于颜色的真实偏好，英国的心理学教授梅利莎·海因斯（Melissa Hines）就特别对 120 名 1～2 岁的婴儿进行了颜色测试。结果惊讶地发现，这些被试婴儿对于颜色的偏好，并没有什么不同，无论是男婴还是女婴都偏好粉红色，原因很简单——与他们母亲的皮肤最接近的颜色。而无论男女，只要是成人，基本上都会对干净的浅蓝色系产生好感，因为那会唤起他们脑中对于"清澈的水""万里无云的晴空"之类事物的美好想象。反之，不管是什么性别，成人通常都会讨厌黄褐色，因为那会勾起他们对于粪便及呕吐物这类不愉快事物的回忆。

所以说，**我们对于颜色的偏好，在先天上是不分性别的**。

那么，区别是从什么地方开始的？

海因斯发现，在对玩具种类的偏好上，男生和女生从小就呈现出了差异。12个月大的男孩，偏好汽车或球，女孩子则偏好洋娃娃之类的玩具。更有趣的是，动物实验也显示出同样的规律，比如印度恒河一带的公猕猴喜欢玩球和玩具车，母猴则会被洋娃娃吸引。

而进一步说，我们对于颜色的偏好，往往并不是因为这个颜色本身，而是因为与这个颜色联系在一起的事物，也就是所谓的爱屋及乌。比如说，如果你先给一个人看了樱桃或苹果，那么在测试中，他对红色的喜好就会增加；但是如果你先给他看了内脏或鲜血，那么在测试中，他对红色就明显会产生厌恶。另外还有研究发现，国旗的主色调，也会影响一个国家的民众对于颜色的喜好。比如国旗是红色的国家，民众对红色的偏好就会比其他国家高出许多。由此可

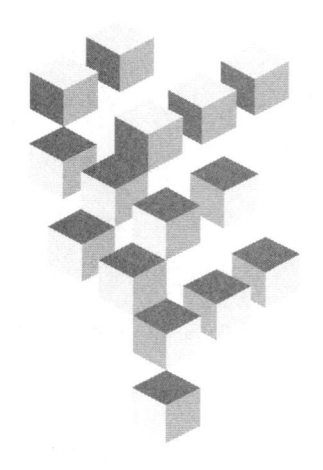

见，我们对颜色的好恶，是由这个颜色让我们想起的事物决定的。同样的道理，女孩之所以会喜欢粉红色，很可能是因为她们所喜欢的那些东西，比如洋娃娃，正好被制造成了粉红色。这不是先天的影响，而是玩具厂商的后天选择，正是这种约定俗成的默契，造成了一代又一代女孩不断"粉红化"的现象。

当然，你还可以说，虽然两性对于色彩的喜好区别很可能是由社会所塑造的，但是刚刚也说了，至少对于玩具的喜好，比如男生喜欢小汽车，女生喜欢洋娃娃，这总是天生的，而这不正好说明，温柔文静才是女生的本性吗？

答案仍然是"不一定"。BBC曾发布过一个有趣的视频，里面有两个三个月大的婴儿，男孩叫爱德华，女孩叫玛妮。研究人员将志愿者和婴儿放置在一个摆放着无数玩具的空间中，让志愿者和婴儿互动三分钟，观察他们的行为。结果发现，当志愿者根据名字判断出是女婴时，他们会更多地选择乖巧类型的玩具，比如洋娃娃、粉色布偶，并且更多地与她进行言语交流。而如果得知是男婴，志愿者会选择强调力量和速度的玩具，如机器人、木马等，并且与婴儿的语言交流也会减少。一切都是那么自然。直到实验结束，研究人员才告诉志愿者，他们故意改变了孩子的衣着和名字，使其错误判断了孩子的性别。志愿者眼里的女孩，其实是男孩爱德华；以为是男孩的那个，其实才是女孩玛妮。

现在，你再回头去想，当时两个孩子都玩得那么开心，是因为本性上玛妮就比较喜欢机器人，而爱德华喜欢洋娃娃吗？当然不是，他们在本性上其实没有偏好，给什么玩什么。反而是大人受到潜意识影响，先入为主。根据精神分析学家迈克尔·麦科比（Michael Maccoby）的研究，绝大多数美国父母从小孩一出生，就会习惯用蜜糖（Honey）或甜心（Sweet heart）来称呼女婴，至于男婴儿，则往往会被称为小大人（Little man）。从小在这种称呼下长大，被赋予完全不同的期待，养成气质上的不同，又有什么奇怪呢？

总之，正如法国哲学家波伏娃（Simone de Beauvoir）所言，**女性不是"生为"女性，而是"变成"了女性**。从社会意义上来说，这句话对我们有很大的启示。对于男女之间的天性差异，不要想当然，要注意避免刻板印象的陷阱。只有这样，男生才能真正理解女生，女生也才能真正理解自己。

TIPS：

小学问：男女两性在气质上的差异，很大程度上是受后天影响形成的。这就意味着，首先要把异性当成"人"来对待，才能避免很多根深蒂固的成见。

第五节
爱情，为什么总有各种"作"？

爱情明明是美好的事，可是经常会看到很多人莫名其妙地在纠结，也就是"作"。

"作"的形式多种多样，有些人特别矜持，明明相互都有意思，却总是怕这怕那；有些人猜疑心特别强，动不动就吃醋，疑神疑鬼，没事也弄出事来……所有这些"作"的现象，有一个共同本质，那就是患得患失，没办法单纯去享受爱情中的幸福，总是要给自己制造一些问题出来，才觉得踏实。

为什么这些人总是这么悲观，喜欢无事生非？为什么他们总要把爱情变成一件很纠结的事？

心理学家认为，**问题的关键在于"回避型依恋"**。

英国作家阿兰·德波顿（Alain de Botton）讲过一个故事。有个叫马克斯的演员，非常努力地争取加入一个喜剧团。但是等真的应聘成功后，马克斯却很快辞职了，他的辞职信上写着："我不想加入任何一个会录用我的俱乐部！"

意思是,我这么棒,你们还录用我,说明你们水平低,不值得我加入。德波顿认为,在爱情中,很多人也是类似的心态:爱情得到回报的可能性越渺茫,渴望爱情的欲望就越旺盛;可当爱情真的来了,他们又避之唯恐不及,颇有点"叶公好龙"之意。

你可能会觉得,这就是典型的心口不一嘛,一开始根本就没那么爱对方。其实,事情没那么简单,这里面有好几层推理,我们来还原一下:

1.如果你喜欢我,那你一定是被我的假象欺骗了,如果看到了真实的我,你肯定就不会喜欢我。

2.退一步说,你看到了真实的我,却还是喜欢,那就说明你的品位很差劲。这时,你也就不值得我喜欢了。

3.不管你喜不喜欢我,总之我们不适合在一起。

这个推论简直无懈可击,让人想起古龙小说里的胡铁花,只要他喜欢的姑娘一喜欢他,他就立马不喜欢这个姑娘了。英文里有个词专门形容这类人,叫Lithromantic,也就是"单向恋爱者"。在心理上,他们总是会回避别人的爱,甚至只喜欢爱别人,讨厌被人爱。那么,这种心态是怎样形成的?

在回答"爱从哪里来""人为什么会感受到爱"以及"感受爱有哪些不同方式"时,心理学家提出了很多种假设。其中最著名的就是"依恋理论"(Attachment Theory)。该理论认为,我们对于爱的感知能力,与我们在婴儿时期的成长经历密切相关。而所谓"回避型人格",则是依恋理论下的一种人格分类,它是使我们无法建立健康稳定的亲密关系的罪魁祸首。最早提出依恋理论的,是英国精神分析学家约翰·鲍尔比(John Bowlby)。他有一句名言:"**人类**

从摇篮到坟墓，都会有依恋行为。"鲍尔比发现，哪怕是不会说话的婴儿，也会对父母表达情感上的联系。比如说，小宝宝会黏人，会用哭泣、纠缠、尖叫等行为来表达不满，甚至会用拒绝喝奶的方式抗议父母回家太晚。而这种互动模式，跟成年人谈恋爱其实是很相似的。

这一观察，在1969年被心理学家玛丽·安斯沃思（Mary Ainsworth）通过实验证实。该实验对"亲子依恋"进行量化研究，大致分为以下八个步骤：

1. 母亲带儿童进入一个陌生房间；

2. 母亲坐下来，儿童自由探索；

3. 一个成年陌生人进入房间，先和母亲说话，再和儿童说话；

4. 母亲离开房间；

5. 母亲回来，和儿童打招呼并安慰儿童，陌生人离开；

6. 母亲再次离开，留下儿童自己；

7. 陌生人回来；

8. 母亲回来，陌生人离开。

通过分析和观察每个阶段的行为，安斯沃思将儿童对母亲的依恋分为三类：

1. 安全依恋（Secure）。这类儿童占比约65%，他们与母亲在一起时能开心玩耍，并不总是依附母亲。当母亲离去时，他们明显表现出苦恼。而当母亲回来时，儿童会立即寻求与母亲的接触，并且能很快平静下来。

2. 不安全依恋－回避型（Insecure-avoidant）。这类儿童占比约21%，他们在母亲离去时并无紧张或忧虑的表现，当母亲回来时，他们也表现得很冷漠，或者不予理会，或者短暂接近一下又走开，表现出忽视和躲避的行为。这类儿童在接受陌生人的安慰时，与接受母亲的安慰没有差别。

3. 不安全依恋－反抗型（Insecure-ambivalent）。这类儿童占比约14%，他们对母亲的离去表示强烈反抗，当母亲回来时，他们虽然寻求与母亲接触，但同时又显示出反抗情绪，不能正常地继续玩游戏。

现在你想一想，以上三种类型，是不是基本涵盖了日常生活中见到的那些"熊孩子"？有些好哄，有些难哄；有些易激动，有些反应迟钝；有些天真烂漫，有些少年老成；有些人前人后一个样，有些非得有父母壮胆才敢见人……其实，这些性格特征的不同，都是由依恋关系的类型差异决定的。

在此基础上，美国康奈尔大学的辛西娅·哈赞（Cynthia Hazan）教授进一步证明，这种幼年的依恋经验会影响我们日后处理人与人关系的方法。而后来的研究者发现，成年人的依恋类型，主要是在两个维度上有差异，分别是"忧虑被抛弃"和"回避亲密"。"忧虑被抛弃"程度高的人，虽然期望与对方交往，但是对他人戒心重重，害怕被拒绝和欺骗；而"回避亲密"程度高的人，则是更追求独立自主，喜欢我行我素的生活，不愿意与他人发生依恋关系。

从这两个维度出发，可以划分出四种类型的人格：

1. 安全型人格——既不忧虑被抛弃，又不回避亲密。这种人在儿童时期，通常就是我们之前所说的"安全依恋型"。他们很容易与别人建立亲密关系，而且能够安心地信赖与被信赖。既不会无缘无故地吃飞醋，又不会节外生枝地考验对方。在两性关系中，这种"安全型人格"，是最为理想和健康的。

2. 痴迷型人格——高度忧虑被抛弃，但是不回避亲密。他们很乐意与情侣有亲密关系，但总是担心对方并不愿意付出同样多的感情，所以就比较容易吃醋。好比林黛玉，不管贾宝玉如何赌咒发誓，都不能完全放心。跟这种人相处，一定要时刻小心，说不定什么时候就触到了逆鳞。

3. 疏离 - 回避型人格——不忧虑被抛弃，同时回避亲密关系。这种人不怎么跟人来往，但也能自得其乐。和这种人日常打交道是比较轻松的，但是如果要谈恋爱，那你必须同样也是个自得其乐的人。

4. 恐惧 - 回避型人格——既害怕被抛弃，又回避亲密关系。这种人是最为纠结的，因为他们既渴望爱情，又忍受不了真实的恋爱关系，近也不行远也不行，所以就显得戏特别多。我们一般说的在爱情里特别"作"的那种人，基本上都有这样的心理问题。

而在情侣关系中，两个"安全型人格"在一起是最完美的，两个"疏离型人格"在一起也可以井水不犯河水，两个"痴迷型人格"在一起，能把日子过成你侬我侬的琼瑶剧。最可怕的情况是，一个"回避型人格"和一个"痴迷型人格"在一起。前者对亲密有恐惧，总想保持距离，而后者却总是担心被抛弃，穷追不舍，导致两人总是处于你追我赶的紧张状态。

当然，这并不是说如果你是回避型或痴迷型人格，就注定找不到真爱。事实上，依恋模式只是一个大致分类，很可能每个人身上都具有某种程度的安全、痴迷和回避因素。更重要的是，依恋的感受并非一成不变，它会随着我们自身经历的变化而变化。研究者发现，哪怕是那些天性比较脆弱和敏感的婴儿，父母也可以通过更亲密、更多回应的照顾，来影响婴儿对于情感的反馈。也就是说，这个依恋模型可以被改变。对于成年人而言，更是可以有意识地进行自我接纳和调整。比如说，你可以问自己三个问题：**1. 我是怎样的人？ 2. 我如何**

对待喜欢自己和自己喜欢的人？3. 面对自己心爱的人，我是否会有一些不自觉的心理障碍？

如果有，除了自我调节之外，你还可以坦诚地和伴侣交流，或者求助于专业的心理咨询师。毕竟，只要认识到问题的存在并愿意解决，办法总比困难多。总的原则是：**痴迷型的人，要学会对自己负责；回避型的人，要学会对伴侣负责。**

TIPS：

小学问：爱情中之所以有各种"作"，往往都是痴迷型和回避型人格在作祟。认识问题，才能解决问题，而不至于陷入相互指责。

第六节
亲密关系中保持新鲜感的秘诀

1963 年,加拿大社会学家约翰·李(John Allen Lee)完成了一项看似不可能的任务:科学地解答"爱情是什么"。

他的思路非常简单直接——你们不是觉得爱情是个千古难题吗?你们不是觉得每个人都有自己的看法吗?那好,我就来总结一下,古往今来人们对于爱情到底说了些什么,其中又有哪些共通的东西。

他做了两方面研究。

第一,有关爱情,故事里都是怎么说的?

他收集了从古希腊开始的几百篇经典爱情故事,分析主角是如何谈恋爱的,总结其行为模式。比如说,有的爱情是相互牺牲,有的爱情是忠贞不渝,有的爱情以释放天性、突破世俗枷锁的方式体现……像这样的"故事卡",总共有 1500 多张。

第二,有关爱情,处于恋爱关系中的人都是怎么看的?

他找来 120 位受访者，请他们从上述这些卡片中，挑出符合自己对于爱情的想象的内容。

通过对以上两个结果的统计和分析，约翰·李提出了"爱情三原色"理论。他认为，我们每个人对于爱情的认知和想象，虽然多姿多彩，各有特色，但是就像世间各种色彩总归都是红、黄、蓝三原色的不同调配一样，我们的爱情观，也都是三种最基础风格的组合。它们分别是：情欲之爱、游戏之爱、友谊之爱。

第一种：情欲之爱（Eros）

这种爱情因为戏剧性最强，是所有文学作品的最爱。比如《鹿鼎记》中韦小宝见到阿珂时的描述："胸口像被一个无形的铁锤重重击了一记，霎时之间唇燥舌干。心道，我死了，我死了，这个美女倘若给我做老婆，小皇帝跟我换位也不干。"这就是典型的情欲之爱，被对方的外貌所吸引而不能自拔。当然，一般人所理解的"一见钟情"没那么赤裸裸，而且通常也会加上诸如"看起来很投缘"或"对方气质很吸引我"之类的修饰，羞于承认这是一种单纯的"情欲"反应。但毋庸讳言，像这种被外表吸引，第一时间就喜欢上对方的感觉，是美好爱情的重要组成因素。而且，像"不计成本地忘我投入""全心全意地恋慕对方"这样一些最常被渲染的浪漫元素，基本上都来自情欲之爱。

第二种：游戏之爱（Ludus）

把"爱情"和"游戏"放在一起，多少会显得有点儿不尊重。所以这种色调的爱情，一般都不被看成是主流，甚至很多人认为，它根本就没资格被视为爱情，只不过是贪图享乐、逢场作戏。但是，换个角度看，爱情除了神圣性和排他性之外，也有美好与快乐的一面。而"游戏之爱"的要义，不是不相信爱情，而是不把爱情看得太沉重。秉持这种态度的人，在恋爱关系中始终会认为"两个人在一起，最重要的就是开心"，所以大多会是轻松有趣的伴侣。最极端的例子，是《天龙八部》中的段正淳，虽然用情不专，但是个个掏心掏肺。

第三种：友谊之爱（Storge）

所谓"少年夫妻老来伴"，就是指当其他两种颜色褪去后，最后剩下的那种爱情底色，一定是友谊式的。也就是说，这是一种建立在理解、依赖、良好的沟通之上的爱情。最典型的例子，是《老友记》里的钱德勒和莫妮卡，作为多年好友，日久生情，才发现最适合自己的人原来一直在身边。这种爱情虽然没有天雷地火和缠绵悱恻，但却是长期、稳定、良好的恋爱关系的基石。

以上就是约翰·李总结出的"爱情三原色"，而且，和真正的三原色可以互相融合、产生新的颜色一样，这三种类型的爱情两两混合，也可以延展出三种新的爱情风格。

第四种：情欲之爱＋游戏之爱＝激情之爱（Mania）

如果爱情的基础是冲动性的渴慕，而爱情的目的又是追求快乐，那这种爱情就是最具激情的。双方都会有强烈的依赖感、占有欲和忌妒心，情绪总是会被对方的喜怒哀乐影响。

第五种：情欲之爱＋友谊之爱＝奉献之爱（Agape）

从中世纪的"罗曼司"文学（原文是 Romance，这也是"浪漫"一词的起源）开始，这种爱情模式就一直是文学的最爱。首先，骑士由于宗教信仰守身如玉，不可能有追逐享乐的"游戏之爱"；其次，他们游侠间歇时的主要任务，就是如痴如狂地想念并歌颂梦中情人曼妙的身姿和姣好的面容，虽然通常与其只有一面之缘；最后，还是由于宗教原因，他们对爱情的狂野想象，还是得回到灵魂伴侣终生相随这条路上来。而这正是典型的"情欲之爱"＋"友谊之爱"的模式。正因为如此，当我们说一个男生有"骑士风度"时，其实也就是在说他是在表现出一种"奉献之爱"。当然，有过单恋经历的朋友，在体会那种低到尘埃又满心欢喜，付出一切只求对方快乐的心酸时，也可以拿这个来安慰自己。

第六种：游戏之爱＋友谊之爱 = 现实之爱（Pragma）

生活中，当长辈说年轻人不懂爱情，把爱情想得太简单时，其实就是在说，他们缺少"现实之爱"的考量。现实之爱，看起来没有情欲之爱那么激烈四射，但由于双方在"爱是理解依赖和互助"以及"爱是共同追求更美好生活"这两个问题上达成了一致，所以会有较少的争吵和较多的默契。当你觉得自己的恋爱关系说不上有多浪漫，但却有实打实的"小确幸"时，不要怀疑，你就是身处"现实之爱"的模式中。

总之，世界上没有两段相同的爱情，但是无数种爱情的色彩，总归是由情欲之爱、游戏之爱、友谊之爱这"三原色"调配出来的。而其中最主要的三种次生风格，则是激情之爱、奉献之爱和现实之爱。

接下来的问题是，知道这些分类后，我们要怎样认知和调配属于自己的爱情色彩呢？

美国心理学家亨德里克（Hendrick）夫妇通过研究，得出了一些基本结论。首先，爱情是一种基本情绪，用带有身不由己意味的"坠入爱河"来形容最为恰当。以上所说的六种恋爱风格，都会给人这种情绪体验，但风格不同，体验强度也天差地别。激情型和情欲型的爱容易让人有强烈情绪体验，现实型的人坠入爱河时可能只有轻微的情绪体验，而友谊型和奉献型的爱情则不容易让人体验到迷醉的情绪。

而这六种风格，换个角度理解，也就是六种不同的爱情观。

人们常说"三观不合"，也就是说人生观、世界观、价值观的冲突会让两个人难相处。但是，三观一致的人，也不一定适合谈恋爱，因为他们对爱情的期待有可能大不相同。所以，**三观之外，其实还有一个"爱情观"的问题**。拥有不同爱情观的人，在同一段关系中感知到的满意程度不同。比如信奉"情欲之爱"的人，由于浪漫几乎是唯一追求，所以情绪大起大落，满足时很满足，不满足时就很焦躁；而追求"现实之爱"的人，因为要考虑的因素太多，所以满足时也没有那么狂喜，不满足时也没有那么沮丧。可以想见，这样的两个人处在一起，就很容易"频道不对"。很多女生抱怨自己的男朋友"不浪漫"，很多男生则抱怨自己的女朋友"小心眼儿"，可你仔细想想，问题到底是对方"不够好"，还是你们对爱情的期待"不匹配"？比如说，同样是生日礼物缺乏惊喜，有些人可能比较倾向于先知道对方要买什么，所以会觉得这样也挺好；而另一些人则可能会觉得年年都是老一套，可见另一半对自己不上心。

你看，当你对爱情产生不满情绪的时候，真的一定是对方的错吗？有没有可能这只是因为你们之间的认知不一致呢？

结合上述六种基本的爱情风格，再来审视自己所处的恋爱关系，你会发现，我们对于恋爱关系的满意度，很大程度上是由风格之间的匹配度决定的。如果你在感情中总觉得自己容易受伤，如果你觉得现在所处的恋爱关系有诸多不如意，与其怨天尤人，天天碎碎念逼着对方对自己好一点，不妨先静下心来想一想，自己和对方的爱情观到底是怎样的，二者在哪方面存在冲突。要么调整爱情观，要么干脆换个持有不同爱情观的恋爱对象，这样反倒简单得多。

同样，如果你还没有恋爱对象，或者处于追求和单恋之中，也可以从中获得启发。与其抱怨万年单身狗没有桃花运，与其哀叹只有付出没有回报，不如先停下来想一想自己是什么样的人，希望跟什么样的人在一起；或者想一想你正在追求的这个人持有什么样的爱情观，对方想要的究竟是什么。毕竟，爱情观一致的人，才更容易成为情侣，也更容易长久相处。

看到这儿，估计你会非常好奇究竟自己属于哪一类的爱情观，下面，就按照亨德里克教授独创的爱情观测量表来做个自测吧。

这个测试一共有 42 道题目，题目中的"他/她"，是指目前与你密切交往的男/女朋友，请针对每一题所叙述的情形，选出最能反映你实际状况的数字，在每一题后面，写上你的评分。

评分标准

1—完全不符合　2—不符合　3—没意见　4—符合　5—完全符合

1. 我和他/她属于一见钟情型
2. 我认为很难界定友情跟爱情
3. 对他/她做承诺之前，我会考虑他/她将来可能变成的样子
4. 我总是试着帮他/她渡过难关
5. 和他/她的关系不太对劲时，我的身体就会不舒服

6. 我试着不给他／她明确的承诺

7. 在选择他／她之前，我会先试着仔细规划我的人生

8. 我宁愿自己痛苦，也不愿意让他／她受苦

9. 失恋时，我会十分沮丧，甚至会有自杀的念头

10. 我相信他／她尽管不知道我的一些事，也不会受到伤害

11. 我和他／她很来电

12. 我需要先经过一段时间的关心和照顾，才有可能产生爱情

13. 我和他／她最好能有相似的背景

14. 有时候，我得防范他／她发现我还有其他情人

15. 我和他／她的亲密行为很热情且很令我满意

16. 我有时会因为想到自己正在谈恋爱而兴奋得睡不着觉

17. 我可以很容易、很快地忘掉过往的恋情

18. 他／她如何看待我的家人是我选择他／她的主要考量

19. 我希望和我爱的人永远能保持朋友关系

20. 当他／她不注意我时，我会全身不舒服

21. 我认为最理想的爱情应该是从一段漫长的友谊中诞生的

22. 我觉得我和他／她是天生一对

23. 自从和他／她谈恋爱后，我很难专心在其他事情上

24. 他／她将来会不会是一个好父亲／母亲是我选择他／她的一个重要因素

25. 除非我先让他／她快乐，否则我不会感到快乐

26. 如果他／她知道我和其他人做了某些事，他／她会不高兴

27. 我和他／她的感情、亲密行为进展得很快

28. 我和他／她的友情随着时间逐渐转变为爱情

29. 当他／她太依赖我时，我会想和他／她疏远一些

30. 我通常愿意牺牲自己的愿望，达成他／她的愿望

31. 我认为爱情是一种深刻的友情，而不是一种很神秘的情感

32. 他／她可以任意使用我的东西

33. 我和他／她非常了解彼此

34. 当我怀疑他／她和其他人在一起时，我就无法放松

35. 他／她如何看待我的职业会是我选择他／她的一个考量

36. 他／她的外貌符合我的理想

37. 我享受和不同的情人玩爱情游戏

38. 当他／她对我发脾气时，我仍然全心全意、无条件地爱他／她

39. 在和他／她深入交往之前，我会试着了解他／她是否有良好的遗传基因

40. 为了他／她，我愿意忍受任何事情

41. 如果他／她忽略我一阵子，我会做出一些傻事来吸引他／她的注意力

42. 我到目前最幸福的爱情，就是一段和好朋友谈的恋爱

记得我们之前说过的六种基本类型吗？情欲之爱、游戏之爱、友谊之爱、现实之爱、激情之爱以及奉献之爱，每一类都有七项与之对应。

情欲型：1, 11, 15, 22, 27, 33, 36

游戏型：6，10，14，17，26，29，37

友谊型：2，12，19，21，28，31，42

现实型：3，7，13，18，24，35，39

激情型：5，9，16，20，23，34，41

奉献型：4，8，25，30，32，38，40

统计出每种类型的得分，相比较之后，得分最高的就是自己的爱情类型偏好。

当然，正如自然界没有绝对的纯色，你的爱情风格也不是单一的。不管是"三原色"还是"六类型"，都只是对常见风格的描述。不过，掌握了这个模型，你就能认清自己和伴侣的基本喜好，并且做出相应调整。毕竟，有情人不一定终成眷属，模式匹配的人也有可能遭遇意外。

TIPS：

小学问：爱情有三种基本型（情欲、游戏、友谊），三种次生型（现实、激情、奉献），认清自己和对方的爱情偏好，就能把两个人的关系调整得更加舒适。

第七节
跟数学家开普勒学习该如何相亲

人们通常认为，喜欢什么样的人，是一种非常个性化的选择。所以总有人天真地相信，不管自己之前多不受待见，在世界的某个角落，总有个天造地设、正好投缘的人，静静地等着自己。

然而，这很可能只是一厢情愿的浪漫幻想，如果死守着这种"每个人前世注定都有预留的另一半"的想法，很可能你永远都无法逆袭成为爱情中的赢家。因为，有大量研究表明，在爱情这个通常是一对一的事上，居然也存在"从众心理"。越是有人喜欢，就越是会吸引更多人喜欢；越是没人喜欢，就越是会降低找到另一半的可能。用专业名词说，这种现象叫作**"择偶复制"**（Mate-Choice Copying）。

2006 年，研究员凯文·伊娃（Kevin Eva）和蒂莫西·伍德（Timothy Wood）向 38 名女性被试者随机呈现了 10 张男性照片，并附带个人信息，然后要求这些女性对照片的吸引力进行打分。结果发现，在排除其他因素影响后，那些标签为"已婚"的男性，吸引力明显高于"单身"男性。后续实验也证明了这一点。2008年，研究者萨拉·希尔（Sarah Hill）和戴维·巴斯（David Buss）将颜值大致相同的10名男子，分别以单人照、被女性簇拥的合照、被男性簇拥的合照三种形式呈现给478名异性恋的女大学生，让她们从多个角度对照片中的男性进行评价。结果发现，吸引力最高的，果然是被女性环绕的那名男子。

而且，这种现象还不只是在人类身上出现。1992年，动物学家杜盖金和戈丁（Dugatkin & Godin）做了一个实验：用玻璃板将鱼缸分成三部分，左边放入一雄一雌两条孔雀鱼，右边放入一条雄鱼，中间放入一条雌鱼——让这条雌鱼可以同时观察到两边的情况。过了一段时间后，人们把玻璃板移开，同时也取走左边的那条雌鱼，让中间的雌鱼可以自由选择左右两边的雄鱼。照理说，中间的雌鱼和右边的雄鱼同病相怜，一起被喂了那么久的"狗粮"，应该是惺惺相惜走在一起吧？结果很残酷：这条雌鱼总是在那条曾经有配偶的雄鱼身边徘徊，却对之前和自己一样单身的雄鱼不理不睬。也就是说，这条雌鱼在"复制"其他雌鱼的选择。

不过，在真实的人类社交活动中，男性其实也会表现出同样的"择偶复制"行为，而且男性比女性要更加显著。如果一个相貌和影响力出众的男性，对某位女生表现出兴趣，那么对其他男生而言，这个女孩的受欢迎程度会大大提升。这就好比，当你听说一个男生的女朋友是林志玲，或者一个女生的男朋友是吴彦祖，就自然会高看对方一眼，觉得他/她身上突然多出了某种光环。

以上这些研究，简直是对单身狗的双重暴击。原来，当你苦恼于没有对象时，还有一个更悲惨的消息，那就是"没有对象"本身就是你难以找到对象的理由。这岂不是意味着在爱情里也存在胜者通吃、强者愈强的马太效应？难道单身久了，就真的成了"注孤生"？别着急，不管这个消息听起来多让人沮丧，至少你先要了解其中的原理，才能想办法克服。

关于"择偶复制"现象，主要有两种解释：**第一，这是一种高度依赖情境的社会学习模式。**人们观察他人如何择偶，然后照葫芦画瓢，既节省自己的精力和时间，还可以降低试错风险。这和网络购物时选择"爆款"或"评价最高"的货品没什么不同。**第二，这是一种自然产生的推理。**当你对目标缺乏更详尽的了解时，一个有力的竞争者或出色的前任会让你觉得该目标"一定有自己没看到的优势"，从而提高对其评价。进一步说，当别人看到你提高了评价，也会基于相同理由跟你做同样的事，这种心理效应就会扩散开来。反过来说也一样，当你看到一个优质的单身男性时，是不是也自然会想："这种条件的人怎么可能会没有伴儿？""是不是有什么问题我不知道？"

好，机制清楚了，**是不是仍然绝望？因为这两点，都是"单身狗"没办法改变的啊！**难不成要我编造出一个完美的前男友或前女友？当然不是。其实你再仔细想想就会发现，**之所以越是拥有出色的伴侣就越受欢迎，还存在另外一种可能，那就是由此产生的自信。**

人毕竟不是动物，除了本能上觉得"大家都喜欢，一定不会错"之外，更多的还是受到这个人本身魅力的影响。而那些已经拥有完美爱情的人，由于这种内在幸福感的充盈，自然会给人自信、豁达、幽默、温柔等感觉，这不就相当于魅力的加成效应吗？反观爱情中的失败者，由于越没人爱越没信心，越没信心越表现得不可爱的恶性循环，异性不青睐，也真的不完全是因为从众心理啊！

所以，好消息是（终于有好消息了），在提升自己的魅力值这个问题上，向爱情中的成功者学习，要比向事业上的成功者学习简单多了。"没钱人首先要养成有钱人的心态，才能变成有钱人"这个思路，固然有几分道理，但几乎等于废话，当你穷得叮当响时，怎么可能打肿脸充胖子，硬装出富人气度？但是爱情这个领域就不同了，就算你一直是无人问津的单身狗，总能做到不自暴自弃、不怨天尤人吧？总能有样学样，看看那些拥有美满爱情的人，有怎样的气质、做派和心态吧？

简言之，当你看起来像个赢家，说话像个赢家，待人接物都像个赢家时，

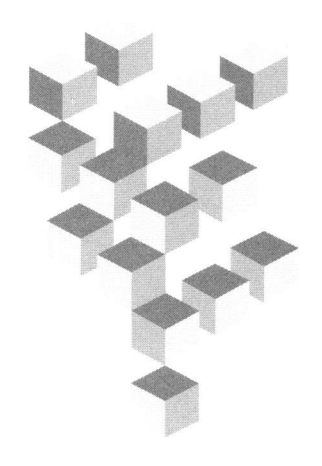

你就一定能成为爱情中的赢家。 说真的，这比先装成有为青年，然后再真的变成有为青年要容易得多。

说到这儿，你可能还会产生一个疑问：之前讲的都是"找不到伴侣要怎么逆袭"，那么，如果我真的是爱情赢家，手里有大把选择，到底应该怎么选呢？

别笑！是的，优秀也有优秀的烦恼，聪明人也可能陷入悲惨的境地。历史上最伟大的天文学家之一，发现了行星运动三大定律的约翰尼斯·开普勒（Johannes Kepler），在1611年决定再婚。但他花了整整两年时间去考虑身边追求他的人选，竟然有11位之多，是不是很让人眼红？可是这位强迫症患者挑花了眼，他在小本子里写道：

1号：口臭

2号：养尊处优

3号：已订婚

4号：身材高挑

5号：端庄、节俭、勤奋

6号：大小姐，太奢华

7号：很迷人

8号：母亲很和蔼

9号：身体不好

10号：太丰满

11号：年纪太小

本来，开普勒对4、5、7这三位女士还是很感兴趣的，可正因为这种"精挑细选、全面比较"的科学精神，导致做决策太慢，而优秀的女士本来追求者就多，谁有兴趣等他？所以，最后结果是，他看得上的都已经名花有主，还能继续发展的他又看不上。过了整整两年，好在5号女士肯回头找他，开普勒才不至于继续打光棍。

有没有什么办法能既不仓促，又不迟疑，从而避免将来后悔呢？而且，5号这个数字，背后有没有什么规律呢？

我们从一个新的视角切入来了解一下数学家是如何解决这个问题的。

早在1949年，美国数学家梅里尔·弗勒德（Merrill M. Flood）就发现，在一夫一妻的婚姻制度下找对象其实就是个决策问题：你认定一个人，就意味着要拒绝其他人，可是，如何确定这就是所有追求者之中最好的那个？如果说数学上存在最优解，爱情里是不是也存在这个"最优解"呢？弗勒德提出的这个问题，整整11年，没人解答得出来。直到1960年，美国数学科普作家马丁·加德纳（Martin Gardner）简化了弗勒德的提问，并且建立了新的模型。

这个被称为"秘书问题"的新模型是这样的：如果你要聘请一名秘书，有n位应聘者，你每次只能面试一人，面试后要立即决定是否聘用，而且拒绝后不能反悔。请问，该采取怎样的策略才能尽量保证选出其中最优秀的人？加德纳通过一个很复杂的方程得出了答案：37%。具体推导过程很长，这里只看结论。37%的意思是，**如果你有100位应聘者，那你应该将前37位应聘者当成观察样本，找出表现最好的那位，然后从第38位开始，一旦发现有表现更好的人，**

就果断聘用。这样做，选出最优秀应聘者的概率最高。这个 37% 的最优决策原则，在很多领域中都适用。简单讲，就是结合实际情况给自己划定"考察期"和"决定期"。

比如说找工作，招聘季从 9 月开始到次年 3 月结束，大概是六个月时间，6 的 37% 是 2.22。所以，你在最开始这两个月零一周的"考察期"里，主要任务就是收集和比较信息，不要急于决定。而这个时间一过，就进入到"决定期"，虽然看起来还有三个多月不用着急，但是从概率上说，此时一旦出现比之前条件更好的公司，就要立即拿下。不用再考虑之后的其他机会，否则煮熟的鸭子也可能飞掉。

回到择偶这个问题，原理也是一样的。比如在前面提到的开普勒的例子里，如果他遵循 37% 原则，就会在考察了前 4 位对象之后进入"决定期"，此时遇到 5 号候选人，正好佳偶天成。当然，他后来觉得 7 号也很迷人，而这种方法能不能保证 5 号一定比 7 号好呢？不能，事先谁也不能绝对保证。但是这种决策方式，至少能够避免你把 11 位候选人依次看下来之后，才发现原来错过的才是最好的。

开普勒是钻石王老五，才能等来 5 号姑娘回心转意（补充一个八卦，开普勒比 5 号姑娘大 18 岁）；但如果是你我这样的普通人呢？你还有自信能等来金玉良缘吗？

不过，我们也不是建议你生搬硬套，用这种纯数学的方法来对待爱情。比如，我现在 22 岁，预计 30 岁前结婚，每段恋爱大概前后要经历一年时间。难道因此我就可以计算出，在我有可能交往的 8 个对象里，前 3 个都只是试试看，从第4个起才认真对待吗？当然不是。任何一段感情都要认真对待，而不管多科学的原理，也不能直接用于"规划"我们的感情生活。因为首先，概率是针对大样本而言的，而一般人一辈子谈不了几次恋爱；其次，随着你不断变成熟，对爱情的理解也会相应变化，谁是你的"最优解"这个问题，怎能指望数学公式提供一个固定答案？

所以说，这个**37%原则**真正的适用范围，是**"可供选择的对象太多，不知如何取舍"的情况**。比如说相亲，同时有诸多追求者，你既害怕过早决定，又害怕犹豫不决。这个时候，不要纠结，运用37%原则做出理性决策吧。有决断，也是魅力值的加分项哦。又或者是参加《非诚勿扰》之类相亲栏目的女嘉宾，看到男嘉宾一个个轮流上台，却始终不知道该为谁爆灯？这时候，就可以在心里默算37%啦！

TIPS：

小学问："择偶复制"现象会让爱情里的弱者更弱，强者更强。不过别紧张，你完全可以向强者学习，提升自己的魅力值。等到权利反转，你就可以用37%法则来优化你的选择了。

Chapter 7

第七章

Persuasive
——不要当小透明

自媒体时代，造就了一大批意见领袖，但同时也出现了一大批"小透明"：知乎上没有机会"谢邀"，微博上没人转发，甚至朋友圈里精心编辑的状态也没人点赞。不仅网络世界变成了一个层级森严的宫殿，现实中也是如此，工作中的汇报总是被老板说抓不到重点、跟老爸老妈讲道理却永远失败，甚至和另一半吵架，你都永远是主动认错的那一方。

这一切，其实不仅仅是说话技巧的欠缺，究其本质，是个人影响力的缺乏。小透明的人生，就是一段永远被说服、从未说服别人的人生。

"影响力"这东西有很多表现形式。如果你觉得一个人很有"说服力"，这就说明对方能以一种有理有据的方式引导你，让你产生与其相似的论点；如果你觉得一个人很有"号召力"，这就说明对方能在情绪上鼓动你，让你响应其倡议；如果你也说不清这个人是怎么影响到你的，只是本能地觉得对方很有"魅力"，那就说明对方是以一种隐性的方式在影响你，让你觉得愿意接受其观点，与其拉近心理距离。

这么多种形式的影响力，如果想学，从哪里学起？其实，有一个最直接、最常见也最为典范的样本就摆在我们面前。它不仅是免费的，而且还通过各种

导言

媒介轮番轰炸,生怕你不去看。不管你是走在路上还是在高速上,不管你是玩手机看电视还是坐地铁等电梯,时时刻刻都免不了接触到这些最棒的教材。只是大多数时候,我们虽然在听在看,实实在在地感受到它的影响力,却从来没有认真去想这些效果是如何达成的,也没有进一步去思考我们能够怎样利用同样的规律来建立自己的影响力,而这实在是一种天大的浪费。

我们说的,就是处处都能见到的——广告。

2016 年,全球企业花在广告上的支出,也就是说,商家愿意为"影响消费者"埋单的总额是 5421 亿美元。如此巨大的产业,积聚了世界上一大批最聪明、最专业的头脑,产生了无数经典案例,总结出了很多行之有效的规律。因此,在这个信息严重超载、影响力越来越成为稀缺品的时代,不想继续做"小透明",想让别人听到你的声音、记住你的形象、认同你的观点,最有效的路径,就是向这个时代最强大的、以"输出影响力"为天职的产业学习。不管愿不愿意,广告都在深深影响着你,所以,不如反过来向它学习,建立自己的影响力。

接下来,我们以广告业的经典技巧为主要案例,教大家几招快速提升影响力的"小学问"。

第一节
卖问题，而不是卖产品

如果我问你，广告的主题是什么？你肯定会不假思索地说：当然是产品！

这话，只说对了一半。广告的最终目标当然是推销产品，在广告里，产品通常也被放在最显眼的地方。然而，**最高明的广告，不是贩卖产品，而是贩卖问题。**

什么叫"贩卖问题"？举个例子，汉堡包，只是一个产品，肚子饿，才是一个问题。如果你只是讲汉堡包有多么美味，里面各种食材多么卫生健康，人家可能会笑话你没见过世面，因为天下好吃的东西那么多，汉堡包算什么呢？可是，如果你把对方置于"饿"或者"馋"的问题之中，他就会放下评头论足的态度，不由自主地产生对汉堡包的渴望。回想一下，你去吃汉堡包，是不是几乎都是因为正好肚子饿？有哪次是专门想到这种食物，然后才产生渴望并且专程去吃？从产品到欲望，这是比较难的；从欲望到产品，却比较容易。

在有些人看来，私家车只是代步工具；但另一些人会认为，私家车是身份的象征。在有些人看来，我买什么车，代表着我的人生态度；但在另一些人看来，买车则是为了对家人更负责。所以，要把车卖给不同的人群，你就必须先想清楚，这个产品对特定人群的触动点是什么，什么样的人会因为什么原因觉得你这款产品有吸引力。而这也正是为什么明明汽车生产技术都是同质化的，我们在市场上看到的，却是各个品牌各个系列的产品都在千方百计地标榜自己跟别家不同。**广告，永远是以特定用户对于产品的特定渴望为重心的。**

仔细回想一下，主打"清凉解渴"的饮料，是不是会着力营造"热"和"渴"的场景？主打"暖心暖胃"的饮料，是不是会着力渲染"关怀"和"温暖"的氛围？主打"清热去火"的饮料，是不是会把镜头对准火锅店等容易让人上火的地方？一旦你进入到这个场景和氛围，接下来对于产品的需求，岂不就顺理成章？甚至，你根本不需要想到"要买××饮料"，只要下次遇到类似的场景，就自然会触发联想，选择相应的产品。所以，想要影响人的行为，最关键的是激发其渴望。有了这个驱动力，自然就会有"桃李不言，下自成蹊"的效果。

那么，**如何产生渴望？**

答案是让对方意识到自己有问题。

想象一下，如果你是位老师，新学期伊始，上台就直接开始讲这门课的概论、导言、学科沿革、参考书目、课程大纲、章节和练习题……那么，不管你有多好的口才、多漂亮的课件，学生是不是也会有点儿难以接受？因为你忽略了一个最大的前提，那就是激发求知欲，这才是教育的根本。如果学生根本不明白这门课到底有什么意义，为什么必须学，以后能派上哪些用场，他们又怎么会只因为你讲得好，就坚持认真地听下去？而以上所有问题，都有一个共同点，那就是让学生意识到自己的不足，从而产生补足的欲求。所以说，好的老师，善于先在学生心里挖一个窟窿，让他们意识到自己"有问题"，再来填平这个窟窿，让他们觉得自己"有收获"。这一"挖"一"填"，用营销术语，就是**"制造需求"和"满足需求"。**

　　想要对别人产生影响力，首先要让对方觉得他们自己是需要改变、需要被影响的。

　　广告业有一个经典案例，那就是李施德林这个品牌为了售卖自己的漱口水，硬是"发明"了口臭这个概念。怎么回事？其实，在李施德林1914年推出漱口水之前，美国人没有"口臭"这个概念。毕竟人总是会有味道的嘛——呼吸有味儿，皮肤会有味儿，头发会有味儿，顶多有浓淡之分，人类一直都是这样，有什么好奇怪的？可想而知，如果大家根本不觉得"嘴里有味道"是个问题，漱口水又怎么卖得出去？这个时候，无论你如何宣扬产品的功效，也都无济于事。所以，李施德林调整策略，在1920年推出了一系列广告，以铺天盖地的宣传力度让大家认识了一个生造出来的词，叫作Halitosis，据说来自拉丁文，意思就是"口臭病"。他们在广告中告诉大家，这种"口臭病"会让你吐出来的气息变得很难闻，会让大家在背后偷偷地讨厌你。更绝的是，李施德林的广告已经预见到很多人会说："不对呀，我明明没有这个问题！"所以它的广告特别强调：口臭病的患者，本身是闻不出来自己有口臭的。潜台词就是，你自己闻不出来，别人闻出来了也不好当面指出，怎么办呢？当然是每个家庭都准备一瓶漱口水，有病治病，无病防身咯！

这个"口臭病"的概念非常成功。原本大家在生活中闻到的只是别人"呼吸"的味道，但广告推出后，一夜之间，这种"呼吸"的味道瞬间就有了个难听的名字，叫"口臭"，而且还是 Halitosis 这样煞有介事的"学术范儿"拉丁文。于是，在此之后，你如果再让别人闻到你呼吸的味道，就会变成一种不礼貌。这个新概念的宣传狠到什么程度呢？当时有则登在报纸上的广告是这样的——配图是一个可怜兮兮的女生，在聚会中被大家冷落，其他人都在聊天，只有这个女生孤孤单单站在墙角。而广告的文案是："你永远不知道你是不是患有口臭病。"这样一来，它就把"不受欢迎"这个无数人都会遇到的大问题与自己的产品绑定在一起，任何觉得自己不受欢迎的人都会想到李施德林漱口水，这样的推销，事半功倍。

类似案例还有很多，比如"去屑""美白""除毛"……它们原本都不是很大的需求，甚至根本就没有需求，只是因为要推销产品，所以就被夸张成必须要解决的重大问题。而这种"先制造问题再推销产品"的思路，正是广告行业公开的秘密。而且，这类经典案例，通常都会由于太过成功，反而让你很难意识到它就在身边，**很多你以为是常识、觉得肯定"是个问题"的东西，很可能就是广告专门制造出来的。**

比如很多家长都担心孩子"食欲不振"，市面上相关的保健品和药品也有一个大类专门解决这个问题。但是，你有没有想过，"食欲不振"真的是一种病吗？有没有可能是现在生活条件太好，小孩子又受到过度关照，本来就吃不下那么多东西？退一步说，如果食欲不振已经到了不正常的状态，它也一定是别的病的结果，而不是独立的一种病啊！我们都知道，下药要对症，既然有无数病因都可能造成"不想吃饭"这个症状，怎么可能单独有一种药能够治疗所有"不想吃饭"的问题？现在你再想想，广告里渲染的"食欲不振"，到底本来就是个问题，还是为了卖产品创造出来的问题？答案很明显吧？最妙的就是，这种创造是如此成功，以至于绝大多数的家长可能根本就没有意识到它原本就不是个专门的问题！

总之，好的广告，强调的是贩卖问题，而不是产品，后者只是前者一个水到渠成的结果。产品本身不管好到什么程度，都是生产者自说自话，并不能直接转换成消费者的喜好。就算你觉得自己"酒香不怕巷子深"，那也一定是以"有人想喝好酒"为前提的。当我们想推销观念，也就是说，想要说服人、影响

人时，也要从中吸取经验，以"引发受众的需求"为第一要义。所以，**建立影响力，第一步不是练口才，而是练倾听；不是强调表现，而是侧重理解；不是证明自己有多重要，而是在对方的世界里找到可能的突破点。想让自己有市场，得先了解市场。**

在这方面，有一个特别简单的学习方法，就是向网络世界里常见的"标题党"取经。要知道，"标题党"虽然招人烦，但却具有不可否认的传播效力，你就算再瞧不起这套，往往也会一边鄙视一边禁不住点开一探究竟。因为他们非常善于"贩卖问题"，也就是在你心里"挖窟窿"。

你一定经常见到以下标题：

××××是一种怎样的体验？（如：智商太高是一种怎样的体验？）

如何××××，原来秘诀这么简单！（如：如何快速达到年薪百万，原来秘诀如此简单！）

震惊！××××居然会××××！（如：震惊！一张普通的照片，居然隐藏着尘封20年的惊天秘密！）

这些××××，再不××××就××××了！（如：这些减肥知识，再不知道你就落伍了！）

为什么你××××，原因竟然是这样！（如：为什么你学不好外语，原因竟然是……）

发现没？以上这些标题，有一个共同特点，就是在你心中激起无数问号，让你觉得缺了一块需要补足。说白了就是"本来没问题，听你这么一说，发现居然有问题"。至于正文内容嘛，你点进去看，十有八九文不对题，或者讲到最后啥也没解决。但是下次再看到类似标题，你还是很有可能会点进去看，这就是人性——好奇心还是要有的，万一解决了呢？

TIPS：

小学问：影响力不是来自你有多优秀，而是来自对方有多需要。所以，卖产品不如卖问题。只要能够成功地创造需求，接下来施加影响，就是水到渠成的事情。

第二节
影响力，从感觉做起

影响力的核心，是感性而非理性。

这句话听起来有些刺耳。你可能会问："什么？不是说人是理性的动物吗？我们做重大决定时，难道不都是反复权衡，然后才得到有理有据的结论吗？"那我问你："既然如此，人与人之间，为什么还会有隔阂？"很多人以为这是语言表达的问题，话没说清楚。可是，鲁迅这么会写文章的人，按理说，把自己的意思表达清楚，应该不成问题吧？但他却感叹："寄意寒星荃不察，我以我血荐轩辕。"还有人认为，沟通出问题，归根结底是语言本身有问题。德国哲学家莱布尼茨（Gottfried Wilhelm Leibniz）就相信，只要按照纯粹的理性规则，发明一种人工语言，就能避免任何歧义和纷争。有冲突时，你拿一小石板，我拿一小粉笔，把各自的观点写清楚，谁对谁错一目了然。然而讽刺的是，他和牛顿之间，因为谁先发明微积分这件事，照样是吵到死也没整明白。

可见，人与人之间的隔阂，不只是因为表达或理性的不足，一定还有别的原因。

在给出答案之前，先说个真实案例。前些年，有个国内品牌研制出一款不用更换滤芯的空气净化器。老板很兴奋，跟广告公司说："这么重大的科技创新，一定要重点宣传。市面上的同类产品，都是半年或一年就要换一次滤芯，我们这样一改，给消费者省了一大笔钱，是不是很棒？"直觉上说，这种讲法完全没有问题。可是广告公司专家却对这位老板说："您先别急，我们做个市场调研再说。"结果大大出乎厂商的意料。很多消费者都对"永不更换滤芯"这句话深表怀疑。有人说："现在空气这么脏，怎么可能滤芯一直不换？这肯定是骗人的！"还有人说："那些进口品牌都要换滤芯，你一个国内品牌，难道可以做得比他们更好？"更有人认为："便宜没好货，不换滤芯的空气净化器，效果肯定要比需要换滤芯的差吧？"

严格来说，这些消费者的想法不一定合理。但是面对实实在在的调研结果，你到底是去教育消费者，说他们不够理性，还是要顺应消费者的心理，调整自己的广告策略？正确的做法当然是后者。所以，广告公司跟厂商建议，要突出自己的优势，与其标榜自己"永远不用更换滤芯"，倒不如退一步，宣传自己"五年不用更换滤芯"。这个改动，真是神来之笔。表面上看，明明已经研制出永远不用更换的滤芯，却不得不内部打个折，说自己只保五年，自降身价。但是就实际效果而言，这种说法却更能赢得消费者的信任，因为在市场上的滤芯普遍用不到一年的情况下，宣传自己保用五年，既足以成为卖点，又不会挑战消费者的常识，让他们怀疑你在吹牛。

这个思路正好可以回答我们刚才提出的问题：**人与人之间的隔阂，终极原**

因到底是什么呢？答案是：**感觉的不可通约性**。什么意思？你看，在这个案例里，厂商觉得"我们做出了很了不起的东西，所以要大肆宣扬"，可是把这个信息直接传达给消费者时，后者的反应却是："不会吧？真有你们说的这么好吗？"发现没？你的兴奋完全是自己一个人在兴奋，那些潜在客户对此没有感觉。这一点儿都不奇怪，如同在一个桌上吃饭，听到同一个笑话，有人乐不可支，有人无动于衷。相隔甚远的厂商和客户，又凭什么非要在同一个信息点上产生相同感受？而这时，要获得客户认同，你既不能以说理的方式给他们上课，又不能以煽情的方式让他们对你的自豪感同身受。**唯一的出路，是从对方的感受出发，跟对方沟通**。重要的不是"我是什么样的"，而是"你的感觉如何"。

关于感觉的不可通约性，再举一个例子。奥美广告创办者、"广告教父"大卫·奥格威（David MacKenzie Ogilvy）提出过一条金律：广告中不要轻易、直接地使用否定词，这是很危险的行为。如果你说"我们的盐里不含砷"，一些顾客会忽略否定词"不"，只会觉得你既说了"盐"又说了"砷"，从而产生你是在说"盐里含砷"的印象，而另一些顾客则会觉得你越说不，我越觉得你心虚，不然你为什么非要强调这一点？这样的感觉当然不对，但感觉这种事，关键不在正不正确，而是强不强烈。比如你玩"狼人杀"，如果别人说你是狼，那么你辩护时，最危险的开场白就是："我不是狼。"因为这就相当于把"狼"这种感觉跟你自己绑定在一起。所以，要对受众产生你想要的那种影响，就必须注意：**最大的难点不是把道理讲明白，而是找到感觉上的共鸣。只有当你克服了感觉的不可通约性，让对方产生你预期中的感受，才能顺利地传递你想要传递的信息**。

你有没有想过，广告为什么经常需要名人代言？且不论那些明星是否真用过这些产品，就算用过，他们又不是专家，凭什么有资格为产品背书？道理很简单——亲近感。

虽然逻辑学家早就说过这叫作"诉诸权威谬误"，然而事实上我们的消费选择，在很大程度上是由这种"脸熟"导致的亲近感决定的。比如美国一项民调就发现，53%的人在选择看电影时，主要是听从熟人推荐；在选择医生时，这个比例更是高达70%。选医生明明比看电影重要得多，为什么大家反而更重视身边朋友的意见，而不是专业排名或指标？这就是因为选择越是重大，我们越是上心，就越会受情绪左右。事实上，在另一项民调中，91%的受访者表示，在购买重大产品时，主要受认识的人的影响。看到这里，你可能还是会觉得（注意，是"觉得"，而不是理性的观察或推论）："虽然很多人都会被感性左右，但肯定不是我，我绝对是一个理性的人。"可是你知道吗？这种感觉，其实本身也只是感觉而已。

2001年一项有关广告接受度的研究表明，在看完各种精心拍摄的广告之后，当被问到"广告对你是否有影响"时，大多数被试者都表示，无论这些广告拍得多好，他们都知道这只是广告，并不会打动他们。可是，当研究者换一种方式问"你觉得这些广告，会不会对他人造成影响"时，同样还是这批人，却纷纷表示，他们相信大多数人都会被说服并去购买广告所推荐的产品。这就奇怪了——你自己不信，为什么觉得别人一定会信？其实，更合理的解释是：他们切实"感觉"到了广告的影响力，只是不好意思承认这会发生在自己身上而已。而在真实生活场景中，广告可不会像实验里这样直接跑过来问你："你好，我是广告，请问你觉得我影响到你了吗？"它们的效果，都是潜移默化的。美国著名广告学家基尔波恩（Kilbourne）讲过一个段子："几乎人人都有个错误的信念，认为自己不会被广告所影响。当我在全国各地演讲时，最常听到的一种论调就是——我根本不会去注意广告……我知道那只是广告，所以对我没有影响。然而……"基尔波恩停顿了一下，继续说道："最常说这种话的人，往往都是那种头戴一顶百威啤酒帽的年轻人。"

是的，影响力施加到这个程度，让人根本不觉得自己正在被影响，这才算是真正的高手。

TIPS：

小学问：感觉的不可通约性，是沟通中最大的阻碍。所以，重要的是对方觉得怎样，而不是你真的如何。影响力的产生，永远都是围绕着感觉进行的。

第三节
制造美好还是营造恐惧？

所有特点，都可以是优点；真正可怕的，其实是没特点。

内向的人，可以是"贵人语迟"，也可以是"没有自信"；外向的人，可以是"雷厉风行"，也可以是"咋咋呼呼"，关键看你怎么表现。可是，如果个性不鲜明，反而容易变成"小透明"。写文章或演讲，道理也一样。观点、风格、论据等等，好坏没有一定之规，虽说众口难调，但毕竟每种口味都有自己的拥趸。最怕的，其实是"乏味"。然而，绝大多数人在表达方面的主要问题，恰恰也就是"乏味"。那么，要怎样做，才能避免自己成为别人眼中的"温吞水"，让自己的话在听众心里产生足够大的触动呢？

我们仍然可以借鉴广告里的一个"小学问"，那就是"**细分美好，善用恐惧**"。

前面提到过，广告以"制造需求"为第一要义。而制造需求最有效的方式，就是**通过情感销售，绕过你的理性，直接激发你的信任**。具体是怎么做到的呢？主要是两个套路，一是通过"细分需求"营造和渲染美好的想象，二是利用"损失厌恶"心理加强接受度。

一、细分需求

什么叫"细分需求"？首先你要知道，所谓需求，说来说去都是很基本的那几项，玩不出什么花样来，也就是不能直接转化成消费冲动。比如说，口渴了要喝水，每个人都需要，但凭什么花钱买饮料呢？这时，你就需要"营造"出一种跟具体商品直接挂钩的美好体验，而这就需要对需求进行"细分"。这时你就会发现，口渴，就不只是"要喝水"这么简单。运动时喝什么？工作时喝什么？聚会时喝什么？约会时喝什么？甚至是，吃火锅时喝什么？吃汉堡包时喝什么？……发现没？像这样一系列的细分场合，你都能第一时间反应出某个特定品牌，不信你问问朋友，他们的反应基本上跟你也差不多。为什么会这样？为什么我们不会像我们的父辈那样，觉得喝水的首选是凉白开？其实，这正是长期以来广告潜移默化的"教育"结果。每种具体的饮料，对应着不同的想象，这就是广告所营造出来的"细分"需求。矿泉水、矿物质水、纯净水、蒸馏水，本质上没什么区别；零度可乐、极度可乐、健怡可乐、轻怡可乐，去掉包装大多数人都分辨不出来。可是，在消费者的想象中，这些东西就是代表了不同品位、不同选择。

在这方面，商家能做到多细？健怡可乐和零度可乐，都是无糖的，口感也差不多，它们最大的区别，无非是一个白罐、一个黑罐，一个主打女生市场、一个主打男生市场。你看，连颜色这种看起来最不重要的东西，也是细分出来的需求。而正是因为商家会细分出这么多不同，所以你站在超市里才会觉得琳琅满目，才会有一种选择特别多、感觉被世界温柔对待的幸福感。

即使完全不考虑客观成分，商家也有办法在纯主观的东西上划分出区别。比如说冰激凌，卖的本来是"冰"和"甜"，然而事实上，没有哪家广告会吆喝说："我家冰激凌又冰又甜快来买啊！"因为这是普遍性，无法给消费者留下印象，根本不构成卖点，所以冰激凌要绑定的是具体且微妙的"幸福感"。比如"爱她，就给她买××××"，主打的不是甜蜜，而是"表达爱意"，这就跟别的牌子有区别。虽然没有任何理由说这种冰激凌里有什么成分是跟"表达爱意"直接相关的，但是感觉上它跟别家不同，有某种直接感触，可以引起消费行为，商家的目的也就达到了。

以下这个思路，基本上就是一个"细分需求"的过程：

1. 人在什么情况下会想买冰激凌？

2. 在所有这些需求里，最能触动人心的是哪些？

3. 选择其中一项（表达爱意），与自己的产品绑定在一起。

从另一方面说，细分需求的过程，同时也是在细分感觉：

1. 冰激凌给人的感觉是什么？

2. 这种感觉，能让你联想到哪些场景？

3. 这些场景里，有哪个细节最打动你？

4. 把产品和这个细节（给你所爱的人买冰激凌）绑定在一起。

总之，就跟吃好东西的时候不能囫囵吞枣一样，**越是美好的东西，越要"细分"，才能加强其感染力。**当你苦于言语乏味、表达干瘪时，不妨试试这个"细分"思路。通常我们说一个人的描写"活灵活现""引人入胜"，让人"身临其境"，指的都是细节上的丰富和生动。

二、善用恐惧

除了对美好的东西进行细分之外,还有一个反向的思路也可以极大提升你对受众的影响力,那就是"善用恐惧"。二者的区别在于,前者更适合诉诸感性场合,后者更适合诉诸理性场合。还是以广告业为例,冲动型消费,比如买个饮料买个零食、来场说走就走的旅行、买个有惊喜的生日礼物,这些都需要营造美好体验,让人觉得开心,所以要"细分美好"。但是,如果涉及的是理性消费,就是说产品跟快乐体验联系不到一块儿,消费者完全是因为要解决某个问题、实现某种功能,才会买这个产品,那它的广告策略一般都是"制造恐惧"。

卫生巾这个产品,虽然很多广告里都有蹦蹦跳跳开开心心的场面,但是请注意,它的主旨不是"追求美好",而是"解决问题",所有美好体验都是在解决问题之后自然产生的。所以,这时你要做的不是"细分美好",而是"善用恐惧",也就是从"不用这个产品有什么危害"的角度,让消费者意识到产品有多重要。所以你仔细观察就会发现,几乎所有卫生巾广告都是在主打"安心"这个概念,强调的是诸如"防侧漏"或"超强吸收"之类的功能。

又比如洗发水,由于洗头已成为现代人的刚需,所以你也不用去渲染这件事多美好。虽然广告里明星们洗头时都是一脸莫名其妙的满足感,但谁都知道,这也没什么好享受的。于是,"不用这款洗发水会有什么问题"就成了商家攻心战时的主攻方向。而消费者在进行理性选择时,最需要的就是给自己一个说得过去的理由,所以相关广告的主题,也大都是在揭示我们内心的恐惧。有人害怕头屑多,有人害怕发质差,有人害怕掉头发。发现没?不管你在怕什么,总有一款洗发水是在标榜自己能解决这个问题的。你有病,我有药;你有担心,我才有卖点。最常见的广告套路是：先把可能的损失形象化给你看，比如因为头屑乱飞、油腻邋遢而遭受路人白眼，或错失面试机会什么的，然后，用了某某牌子，突然就赢回了生活的美好。生活中有没有这么夸张的事呢？很少，可是这么一来，对于头发问题的恐惧就扎根在你心里了，这就是广告给你"制造"出来的需求。

进一步说，消费者的理性权衡往往是不利于他们做出决定的。所以这时，你就特别需要给他们提供一种迅速做决定的冲动，而"恐惧"往往是最好的催化剂，相当于犹豫不决许久后的临门一脚。最常见的例子是各类"限时折扣"。像服装、电器等产品，通常可替代性都很强，本应是货比三家再做决定，可是一旦加上"过时不候"这个限定，就会让人觉得"来不及解释了，赶紧上车"，

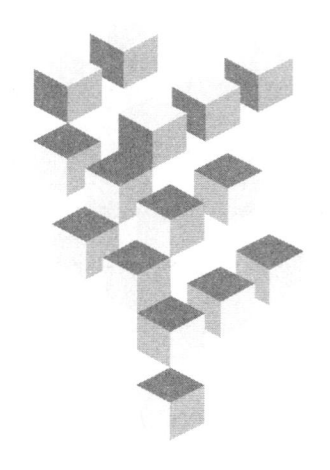

做决定就会快得多。

再举个例子。换工作本来是最需要冷静计划的，哪有可能像"世界那么大，我想去看看"那么简单？很多人患得患失，想跳又不敢，就是这个原因。因此，德国一家猎头网站的广告就是"不要把生命浪费在错误的工作上"，也就是说，它不去标榜跳槽会有多么美好，因为你肯定会产生质疑，而反其道而行之——"你以为不变才最稳妥？错了，工作不顺心还要继续干，才是最大的失败！"这就会让你猛然意识到，真正的损失不是跳槽，而是死守着现在的工作，自然也会比较容易接受猎头的鼓动了。

所以，请记住这两个原则：在你的受众诉诸感性时，要"细分美好"，把对方的需求和感受分得越细，越能增强渲染和强化的效果；而在你的受众诉诸理性时，要"善用恐惧"，利用风险厌恶心理，促使对方迅速做出决定。同时，这两个原则还可以交叉使用，那就是：在通常是诉诸感性、需要营造美好想象的场合，反倒提示风险；在通常是诉诸理性、别人满脑子都在考虑风险和损失时，反而强调美好的感受。这种做法属于套路之外的创意，用得好，别具一格。比如洗发水广告通常诉诸恐惧，正由于这种做法的合理性，成了套路，所以也有很多厂家开始寻求突破，不强调产品能解决什么问题，而是强调它所代表的自信、快乐、活力、激情等价值观。你宣扬"头屑去无踪"或"秀发更出众"，我就宣扬"用××，更自信"或"爱生活，爱××"。你从负面讲，我就从正面讲，出奇制胜。

当然，这种不按常理出牌的创意也不能太过分，它必须遵循"恐惧是为了回归美好"的基本原则。否则，虽然会让人记住，却不一定让人舒服。比如说，一个抽油烟机广告，不去渲染厨房的干净整洁，反而呈现满屋油烟的可怕，这没什么问题，因为谁都知道你的目的是强调"抽油烟机能带来美好的体验"，总体感觉仍然是正面的。可是有一个空调广告，为了突出"静音"和"人体智能识别"这两个功能，讲了一个特别瘆人的故事——因为太安静，歹徒听到了门外男人的心跳声，隔着房门射杀了男子。因为空调可以智能识别人体，在扫风时识别出了仍然在世的女主人，却无法发现灵魂状态的男主角。有没有感觉，这就有点儿过分了？的确，这个创意让人过目难忘，但是对产品的好感，就很难保证了。

总之，想获得打动人心的力量，就得像高明的广告那样，**把美好的东西说细，把厌恶损失的心理用足**。在"理解人心"这个课堂上，经典的广告，永远都是我们宝贵的资料库。

TIPS:

小学问：想要避免"乏味"，就要向广告学习，看它们是怎样细分美好、善用恐惧，把平常接触到的东西表现得如此诱人。

第四节
"收礼只收脑白金",为啥是个好广告?

不想当"小透明",就要给人留下记忆点。可是,出色的人这么多,又不能让人觉得自己是靠旁门左道"博出位"。怎样做才是让别人记住你的正途呢?

比如说,演讲比赛很多人都看过,同一个主题,上一个表演者刚刚声情并茂催人泪下、掌声雷动后,听众再接受一轮同样强烈的触动,马上就会忘记刚才为什么给上一个人鼓掌。又比如说,面试时,每个人都尽量让自己的简历充满闪光点,但是别忘了,人家一天要看成百上千份这样闪光的简历,眼睛都快闪瞎了,谁能记住你精心设计、自鸣得意的那些小心思?以上这些困境,归根结底是因为你还在"红海"里跟人厮杀。是的,记忆点也有红蓝海之分。在红海里,除非做到无可争议的第一,否则就会泯然众人,不过这个要求实在是太高。

这时,你还是应该向广告学习。广告是一种脱颖而出的艺术。特别是在产品高度同质化的今天,每个需求场景都有无数竞争者,所以广告行业找到了一种帮助产品跳出红海、进入广阔蓝海市场的方法，那就是：**扩张使用场景**。

举个例子，美国早期，像啤酒这种东西，都要在假日欢聚时，才能跟亲朋好友一起喝。因此，各家品牌的啤酒，宣传的场景其实都差不多。好比在20世纪70年代，麦格啤酒（Michelob）最早推出的广告词就是"节庆最宜麦格"。可是，将喝酒局限于节庆假日，范围显然有点儿窄，跟其他同类品牌竞争起来也没有明显优势，销量也并不理想。所以一年后，麦格啤酒的广告词就改成了"周末假日，最宜麦格"。这样一来，在消费者心目中，麦格啤酒的场景是不是就悄悄扩张了？更有意思的是，在把"周末"纳入到消费场景后，麦格啤酒的广告词又悄悄扩张了"周末"的概念，改成了"何不在每个礼拜，给自己加个小周末"。这招很厉害，毕竟每个礼拜工作那么辛苦，何必要忍到周末？想喝就喝！什么时候想喝，什么时候就是周末。即使场景已经扩张到这个地步，麦格还是不满意，所以过了一段时间，他们再度推出广告词："夜晚最宜麦格！"到了这个程度，基本就是每晚一瓶了。

观察下来，能发现一个很有意思的现象：从最初的"节庆最宜麦格""周末假日，最宜麦格"再到"何不在每个礼拜，给自己加个小周末""夜晚最宜麦格"，这一系列广告词里，没有任何一句是在形容麦格啤酒有多好喝，它所宣传的，不是产品本身，而是"使用产品的场景"，一步一步将喝啤酒的场景逐渐扩张，让消费者在心理上觉得喝啤酒不再是为了"庆祝"什么事，只要让自己"开心"就好，巧妙地打造了产品的独特优势。这个扩张场景的过程，迅速帮麦格找到了竞争最少的蓝海，脱颖而出。

这种拓宽场景的定位策略在别的行业一样有效。比如中国人都知道的脑白金，当其他的保健品广告都在不遗余力地宣传产品功效时，脑白金的广告却只有几个动画小人儿，穿着喜庆衣服，在电视上蹦蹦跳跳，然后说出那句全国人民都耳熟能详的广告词："今年过节不收礼，收礼只收脑白金。"

单从销量看，脑白金无疑是成功的。截至2017年3月，脑白金累计销售4.6亿瓶，连续16年成为中国销量第一的保健食品，市场份额高达10.13%。那么，作为一个保健品，脑白金具体的功效是什么？如果不查资料，相信没几个人知道它是用来"润肠通便，改善睡眠"的吧。这就奇怪了，一个你根本说不上用途的保健品，为什么这么火？对于要吃进身体的保健品，我们不是都特别小心、再三确认其功效与质量吗？为什么对脑白金，却如此疏忽？

因为，脑白金在拓宽场景的同时，还利用到了我们的"心理账户"。

心理账户（Mental Accounting）这个概念由芝加哥大学行为经济学家理查德·塞勒（Richard Thaler）教授于1980年首次提出。简单地说，就是人们在选择消费时，常常以场景作为消费的划分，而不是实际金额。在人们心中，就好像有一个个隐形的账户，把自己要花的钱，区分到不同账户里。比如许多年纪大的女性，平常买菜，一块两块都要斤斤计较，可是一旦买起保健品（虽然很可能主要成分跟蔬菜也差不多），花钱却一点儿也不手软，因为保健品的花费在她们的心理上是另一个账户。又好比，虽然辛苦工作赚来的1000元和你中彩票得来的1000元，从客观角度上说并无区别，但你却更可能会拿中彩票的收入来购买奢侈品，因为这笔钱在心理上也放在了另一个账户里。所以，如果想要消费者在你的产品上花更多钱，与其强调产品有多好，是如何的一分钱一分货，还不如让他们觉得你的产品是要在"另一个场合"消费的。原本放在家里防停电的蜡烛，用在烛光晚餐、浴室香氛上时，哪怕价格贵上十倍，你也肯定会买。

说回脑白金，我们再来看这句广告语——今年过节不收礼，收礼只收脑白金。反复收听之后，一般人根本就没把它当成"保健品"，你一直会觉得它就是个"礼品"，是用来送人的！正由于脑白金被定位出来的场景是"送礼"，特别是给长辈送礼，所以当人们购买时，会觉得所用到的不是平常买保健品的预算，而是送礼的钱。这么一来，跟其他保健品相比，脑白金这个"扩张使用场景"的广告，不仅迅速帮它从原本的红海跳到了蓝海，还为自己提升价格做好了铺垫。

你以为脑白金就是"心理账户"的顶峰？不，相比钻石来说，它还只是小儿科。

提到钻石，我们会不自觉地联想到浪漫真挚的爱情，同时脑海中会自然而然地浮现那句经典广告语："钻石恒久远，一颗永留传。"可是且慢，难道钻石天生就和婚礼相关吗？难道全世界各国人民都不约而同地选择了钻石作为爱情的信物吗？

当然不是！

最早发现钻石的是印度，可是印度佛教在列举"七宝"时，宁愿把琉璃和砗磲选进来，都不给钻石留位子，它的地位可想而知。在很长一段时间内，它只是"宝石"这个大家庭里很不起眼的小兄弟，只不过因为产量稀缺，所以价格一直比较稳定。19世纪后期，南非偶然间发现了一座储量巨大的钻石矿，震惊了钻石投资商。要知道，供给一旦上去，钻石的价值将大打折扣。这时，一位叫赛西尔·罗兹（Cecil Rhodes）的天才商人横空出世，不但解决了这一难题，并且创造了营销史上的奇迹。

1888年，罗兹创建了戴比尔斯公司，之后他做了两件事：1.垄断钻石供货市场，掌握市场上90%的交易量（全盛时期）；2.把钻石和爱情联系在一起，成为示爱的"刚需"。你可能会觉得，钻石洁净无瑕、色彩绚烂、硬度最高，简直是爱情的最完美代表，要选一种宝石向女生表达心意，除了钻石还能是什么？其实，这都是马后炮，你之所以觉得"必然如此""不可能不是这样"，其实都是戴比尔斯公司花费巨资打造钻石文化的结果。要知道，"钻石恒久远，一颗永留传"是1947年才出现的广告词，而且暗含着"买了不要转卖，免得冲击市场价格"的意思。而所谓"男人要花三个月收入来买钻戒才算有诚意"更是为了启动你心里那个不惜血本"表达浪漫"的心理账户而精心设计的营销口径。

看到这里，是不是觉得花了冤枉钱？也不一定，因为毕竟爱情这种说不清道不明的东西，能有个具体的表达方式也是挺好的。只是，不要光被动地接受商家的策略，还可以主动去学习。

回到本节最开始提到的场景，如何在众多优秀的简历里脱颖而出？除了一般人都会着力强调的学历、资历、获奖情况外，你有没有什么独特的经历、别具的个性，能让面试官看一眼就记住的？你有没有什么特别的能力，有别于其他面目模糊的求职者？而这种思路，就是你的"扩张场景"。同样，扩张场景这个原则也可以用在别的需要给人留下深刻印象的场合，在"规定动作"外，亮出自己的招牌。面试结束时，对方通常都会问："你有什么问题想问我们吗？"这个问题本身就是在扩张场景，把你换成提问方，看你的反应如何。而在这时，有一个特别好的问题是："如果我有幸获得了这个职位，在开展工作之前，您对我有什么进一步的期望和要求？"首先，这个问题瞬间拉近了你和面试官的距离。本来，你只是个普通面试者，在面试官心中属于"路人甲"的范畴。但当你问出这个问题的时候，面试官就会下意识地从"已经入职的新员工"的角度来看待你，仔细思索你的各项能力，并且给你指点迷津，进入到入职前期的工作安排模式。此时，尽管你还没有通过面试，但在面试官心中已经不自觉地把你划在了"自己人"的范畴之中。你看，这里的"场景"和"心理账户"，是不是就都不一样了？

TIPS：

小学问：当大家都在同一个标准下争奇斗艳的时候，很容易显得你是小透明。所以，你不妨从这个红海中抽身出来，用"扩张场景"和转变"心理账户"的方式，为自己寻找到一片蓝海。

第五节
坏消息要怎么说，
才显得是一个好消息？

要影响他人，最重要的不是提供信息，而是提供"解释框架"。

一杯温水想要让人觉得热，该怎么办？先让他喝杯冰水就好了。想让人觉得凉呢？那就先让他喝杯热水呗。你看，水本身的温度并没有变化，但是"解释框架"变了，同一杯水就可以解释成不同的感受。

据说，李世民有一次在花园闲逛，顺口夸了句"好一棵大树"，身边大臣宇文士及赶紧附和，引经据典把这棵树夸到了天上。李世民变色道："我听魏徵说要提防花言巧语的佞臣，看样子，应该说的就是你这种人吧？"如果你是宇文士及，这个场子要怎么圆？说魏徵乱讲？说皇上多心？说自己没这意思？都不对。你应该做的是改变对方的"解释框架"。宇文士及是这么回答的："臣每天见皇上在朝堂上跟一群直言敢谏的官员议事，甚是辛苦。今天好不容易忙里偷闲，如果再不顺着您的意思讲几句好听的，那您贵为天子，又有什么意思？"

这段话的高明之处在于，既不得罪魏徵这样的同僚，又不是对皇帝的反驳，同时也没有自辩。他只是把"解释框架"转变了一下："皇上您说得对，可是您用的是朝堂议事时的框架，而我们现在不是在游玩散心吗？所以应该换一个框架来看待我的言论。您想想，假如总是魏徵那个框架，时时刻刻都得绷着，谁受得了？"李世民一听，转怒为喜，此后也一直都在重用并且信任宇文士及。你看，同样一句话，在一个框架里是"溜须拍马"，在另一个框架里就是"善解人意"，解释框架的变换，效果是不是很明显？

只要留心，你会经常在身边看到这个原理。比如，你有没有想过，为什么即使是那些玩不出什么新花样的商家，也会经常性地推出新品？因为"上新"是比"通货膨胀"或"原材料价格上涨"更好的解释框架。比较一下，如果街角有两家面包店，一家贴出告示："由于通货膨胀／原材料价格上涨，本店不得已涨价10%，望新老顾客见谅。"另一家则贴出大幅海报："好消息！本店有幸请到法国面点师推出当季新品！更多选择请进店品尝！"你觉得哪家生意会更好？当然是后者，即使它的价目表已经悄悄地换了一轮，也同样如此。因为同样是涨价，消费者更喜欢听到"新品上架"这个好消息，而不是"通货膨胀"或"原料紧缺"这类坏消息。商家早就摸清楚了消费者的内心——他们就像传说中的花剌子模国王一样，不管实情如何，只要你敢带来坏消息，就把你送去喂老虎。

用这个思路，再来看一则2016年的社会新闻。当时，珠海有一家面馆，因为嫌现金收支麻烦，所以就贴了一张公告，说本店不收现金，只收微信和支付宝。结果有些顾客有意见，投诉说这是违法行为，因为人民币是流通货币，商家没理由拒收。发现没？老板的问题在于，他一开始就搞错了"框架"。如果他真心嫌现金麻烦，那就应该反过来写这个公告，不要给现金设置阻碍，而要给非现金支付提供优惠。比如说，原本一份盖浇饭 15 元不收现金，那现在就可以变成一份盖浇饭 17 元，在线支付立减 2 元。你看，这样一来，就相当于是把"限制"变成了"优惠"。框架一变，不但顾客满意，法律上也不会有什么问题，而且事实上，也很少再会有顾客付现金了。你的目的，不也就达到了？这就是善用"框架"的力量。

关于这个框架效应背后的心理机制，2002 年诺贝尔经济学奖得主丹尼尔·卡内曼（Daniel Kahneman）指出，人类具有天生的"损失厌恶"心理。也就是说，不管有没有道理，人们都会本能地对损失、痛苦、风险更加敏感，即使这些能够换回更大的幸福。卡内曼设计了一个掷硬币实验，被抛的硬币正反概率五五开，如果是正面，参与者将得到 150 美元；如果是背面，参与者则会输掉 100 美元。这么好的事哪儿找去？胜负五五开的情况下，赢一把比输一把居然多赚 50 美元，那么持续下注，肯定稳赚不赔啊！

然而，实验结果却出人意料，大多数人拒绝了这个赌局，因为对于他们来说，损失 100 美元的痛苦远远大于得到 150 美元的快乐。那么，将赢钱的收益提高到多少，才能弥补失去 100 美元的痛苦呢？经过测试，是 200 美元。也就是说，**同等数量的损失和收益，痛苦是快乐的两倍。负面的东西在我们心里的分量要两倍于正面的东西。**正因如此，在描述一件事时，对于负面的措辞，我们的感受也会特别深刻。

关于框架的转换，罗振宇在第四季《奇葩说》中举了个有趣的例子。一员工不小心把公司玻璃门碰碎了，老板马上跑过去安慰："哎呀，没事儿吧，人没受伤吧（人情框架）！"发现没事之后，老板转向HR，脸色一变，指着刚才还在嘘寒问暖的这个员工说："让他赔（责任框架）！"框架不同，冷热的感情当然也不一样。那进一步说，如果你是这个必须"做恶人"的HR，要怎样把"赔玻璃"这件事说得好听呢？你可以说："你知道吗？老板真是心疼你，特意吩咐让我们按最便宜的价位算给你就行了。"

你看，到了这一步，你还是可以利用"解释框架"以自己想要的方式对他人施加影响。

TIPS：

小学问：解释框架的变换，可以让同一件事呈现完全不同的面貌。所以，想让别人产生你想要的观感，就必须慎重地选择该使用哪一种解释框架。

Chapter 8

第八章

我丧故我在
——学会和隐性焦虑相处

"我差不多是个废人了。"

"不努力一下，不知道什么是绝望。"

"生活不只眼前的苟且，还有明天和后天的苟且。"

自打"丧"字频繁出现在媒体中以来，很多人都会疑惑："丧"到底是什么？是无精打采，负能量爆棚的感觉？还是嘿嘿一笑，鄙视生活的态度？

这个字一时流行的背后，其实是焦虑感无处释放的无奈——无处不在的互联网正把世界变得越来越平。不同地域、年龄、职业和天分的人，都"可以"获得同样的资讯，这也意味着我们的生活正在被越来越相似的语境所统领。我们"云追"同一个明星，"云撸"同一只猫，"云赞"同一张照片，"云吊打"同一个渣男。我们被相似的成功蛊惑，被相似的奢侈诱惑，最后被相似的折扣吸引，清空了相似的购物车。我们不仅共享了专车、单车、充电宝，还共享了压力、三观、鄙视链。**我们分明是那么不一样，却共享着对伴侣的要求、对自己**

导言

的期待、对生活的看法。生活中分明那么多值得抱怨的事，但"不要抱怨"的训诫还是被贴在同事、家人、朋友、情侣等几乎所有社交关系的入口。

在一个所谓倡导个性解放的年代，我们每个人参差不同的焦虑却统统被心灵鸡汤堵住了出口。无处宣泄，无人聆听。

你憋不憋？反正有人憋得慌。

好在天无绝人之路。

我们无处安放的焦虑，终于找到了一块共享的堆填区，那就是丧。

第一节
丧人？你以为想当就能当吗？

什么是丧？怎样才称得上是标准、地道、典型的丧？

很多人都自称丧，但他们真的丧吗？（比方说本书作者之一邱晨）

流行词汇的边界，总在不断浮动，这个很有概括性的字眼，本身却很难被概括。所以，我们在寻找"丧"的评判标准时，总是很容易陷入自我怀疑。于是我们想，何不用浮动的标准来定义浮动的关键字？

我们找到了五句流行语，对应**自我评价、工作状态、生活方式、社交方式，以及生活态度**。以这五个方面描述丧的基本特质，未必科学，但一定有用。

要不要来测测看，你是不是真的丧？

自我评价——"我差不多是个废人了"

认同度：1—2—3—4—5

如果你内心时常念叨"我差不多是个废人了"——注意，是内心，不是表情包，也不是签名档，同时你还不自觉地经常身陷"葛优躺"，那你的丧指数的确很高。

值得注意的是"差不多"这个词。"差不多"并非是给自己留"一丝不丧"的可能，而是为了避免把话说得过于绝对而引起争辩。也就是说，真的丧，不是"敢于"直面淋漓的鲜血，而是"懒得"直面淋漓的鲜血，连自我评价也是"差不多得了"的态度。换言之，如果你丧得斩钉截铁，跟人说起自己时非丧不可，那你就不是真的丧；而如果你丧得模模糊糊，人家说你丧或不丧，你都懒得争辩，那你可能就是真的丧。

工作状态——"不努力一下，你都不知道什么叫绝望"

认同度：1—2—3—4—5

与闲人或宅人不同，丧人并非不努力，事实上很多丧人挺忙。随手来个数据。2014年中国人平均工作时间是2000~2200个小时，同年度美国人的工作时间只有大约1800个小时，以勤奋著称的日本人只有1729个小时。同时，中国人花在上班路上的时间也不少，北京的人均通勤时间达到了100分钟。所以，大家不是在工作，就是在去工作的路上。在这种高强度劳动下，"感觉身体被掏空"是再正常不过的事。

与此同时，工作给人带来的成就感、收获感和安全感，却越来越少。

如果你意识到没前途、没意思以及那种买不起房娶不起老婆的焦虑正在与你工作的辛劳程度成正比，而同时你被这匆忙奔赴工作的人潮裹挟并无法脱身，那很不幸，你可能真的有点儿丧。

生活方式——"一年四季都在困，只有躺在床上最清醒"

认同度：1—2—3—4—5

为什么躺在床上就清醒呢？因为丧人对睡觉也没什么兴趣。

经过一天的工作，人的心理资源经历了大量消耗，本应做出切割，从工作中解脱，从休息中获得新资源，也就是俗称的"充电"。但是，随着通信技术的进步，传统的8小时办公正转变为24小时全天候工作。在大量的非标准工作时间里，我们依然需要处理短信、邮件和工作通话。

工作与生活之间界限的模糊，打乱了我们的心理反馈机制。原本，工作一天赢来的是好好休息和放松，但是现在，工作一天赢来的是继续工作一个晚上。于是，该睡觉时，你心有不甘，不甘心一天就这么过去了。但是，这份不甘又不至于强烈到发奋图强去熬夜做点什么。那就只剩下躺在床上玩手机……

如果你是这样，你可能就是真的丧。这种丧当然有一定的危害，它让我们

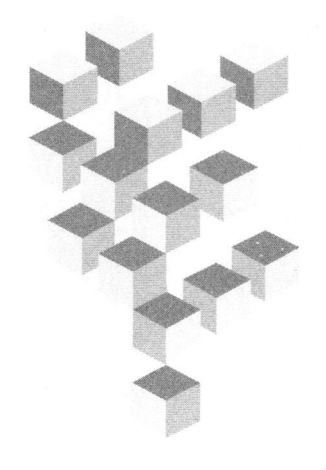

每个晚上都精神亢奋难以入睡,白天又靠猛灌咖啡才能睁开眼皮。其中一部分人在承受着身体负担的同时,对自己又有着格外清醒的认知。我们会在后面的篇章讲解如何对付这种有害的丧。

社交方式——"不吐槽、无社交"

认同度:1—2—3—4—5

2016 年日本上映了一部叫《濑户内海》的电影,里面有个片段讲两个高中男生坐在石阶上聊天。

一个说:"明天有考试,好烦。"

另一个说:"明明才五月,好热。"

一个说:"这根薯条不会太长了吗?有这么大的土豆吗?"

另一个说:"有啊。"

你看,全是有一搭没一搭、空洞无聊的吐槽,虽然正值青春年华,两位主人公却一点儿都不热血。生活中很多人都在重复着这个场景,朋友们围在饭桌旁,你来我往,但人与人之间并非互相疏解鼓励,甚至彼此互不关心,就连吐槽内容也不是社会生活等议题,都是天气、薯条这些琐碎日常。

本质上,丧是反社交的。丧人对社交的态度,用日本作家太宰治在《人间失格》中的话来概括,就是:

> 这世上每个人的说话方式都如此拐弯抹角、闪烁其词,如此不负责任、微妙复杂。他们总是徒劳无功地严加防范,无时无刻不费尽心机,这让我困惑不解,最终只得随波逐流,用搞笑的办法蒙混过关,抑或默默颔首,

任凭对方行事，即采取败北者的消极态度。

如果这就是你社交生活的写照，那么，你可能真的挺丧的。

生活态度——"生活不只眼前的苟且，还有明天和后天的苟且"

认同度：1—2—3—4—5

面对困难，一般人会自我开解：凡事开头难。但丧的人会觉得："凡事开头难，中间难，结尾更难。"

是的，丧人不仅自我评价低，对生活的期待也低。

动画片《马男波杰克》中有一个二分人物设定，每个人在骨子里，要么是Zelda，要么是Zoe。Zelda阳光、风趣、外向，永远充满热情；Zoe是它的反面，聪明、尖酸、愤世嫉俗。片中的花生酱先生（也叫狗男）就是典型的Zelda，他曾这样说："这个宇宙残酷而无情，幸福的关键并非是寻求人生的意义，而是将自己沉溺于琐事中忙忙碌碌，然后终老一生。"

丧人不是不追求幸福，而是他们对幸福的期待十分之沮丧。

除了上面说的狗男，还有悲伤的"佩佩蛙"（Pepe the Frog）、颓靡的"葛优躺"、感觉身体被掏空的网络神曲……这些流行的爆款表情包不仅拼凑成我们日常的表情，还形成了丧文化图腾，横扫整个互联网。

如果以上五条标准每一条都扎到你的心，那你真的快要丧爆了……

不过，别担心，这一章的目的，不是戳爆你的丧。我们要教你如何处理丧，而正确的处理，源于对丧这种情绪的正确认知。正确的认知，可以让你更理直气壮地"丧"。

如前所说，丧的一种表现是自嘲，这种自嘲情绪暗合柔道的一种"受身"术，讲究顺势而为，减少伤害。"受身"的观念可以帮助我们有效地用丧缓冲生活的压力。

由此看来，丧并不完全是一件坏事，它让我们有了更复杂、更丰富的情绪内容，让我们有动力去抵制那些粗暴、简单的心灵鸡汤，从而给生活带来真正的曙光。

就像钱锺书先生说的：一串葡萄到手，有一种人只挑好的吃，而另一种人把最好吃的留到最后。人们总以为，第一种人应该乐观，因为他每吃一颗都是吃剩的葡萄里最好的；第二种人应该悲观，因为他每吃一颗都是吃剩的葡萄里最坏的。不过事实却适得其反，因为第一种人只有回忆，而第二种人还有希望。

TIPS：

小学问：所谓的丧就是指：1.自我评价低；2.对工作前景不抱希望；3.犯困与失眠同在；4.反社交；5.不期待幸福。

第二节
为什么焦虑会流行？

要理解今天横行天下的焦虑，不妨回溯过往，从畅销书的榜单来看社会流行情绪的变迁史。

1993年，美国出版了一系列丛书——《心灵鸡汤》，作者是杰克·坎菲尔德（Jack Canfield）。这本书的内容，是各种励志散文和大量带有人生启发性质的短篇故事。随手翻来，你会发现，它的第一卷标题叫《爱的力量》，另一卷叫《让梦想成真》——这些在今天百分之百会成为吐槽对象的文字内容，在当年却大受欢迎。这套丛书被翻译成几十种语言，在全球的销量超过1亿册，活生生把"鸡汤"这个词，从一种食物升华成了一种文化。其文风也引起了无数作家的仿效，一时之间，各种人生导师纷纷"出笼"。而台湾地区最有名的畅销作家之一刘墉，也是当年最受欢迎的青年导师。你光听他的书名，就能感受到那股强烈的正能量，比如《为自己喝彩》《跨一步，就成功》《成长比成功更重要》《做自己的主人》等等。

2010年前后，若干本书名带着"正能量"的书"不约而同"地问世，与《心灵鸡汤》一样掀起了一股追捧和模仿的热潮。

可谁能想象，20多年后，这一股正能量的鸡汤文化却成为被取笑的对象。在今天，最流行的不再是鸡汤，而是"毒鸡汤"，不再是正能量，而是"负能量"……

鸡汤与毒鸡汤的区别是什么？

以前的鸡汤告诉你：世上无难事，只怕有心人。

现在的毒鸡汤则会说：世上无难事，只怕有钱人。

以前的鸡汤告诉你：当你觉得自己一无是处时，请检视内心的喜好，找寻自己的舞台。

现在的毒鸡汤则会说：当你觉得自己又丑又穷一无是处时，别绝望，因为至少你的判断还是对的。

以前的鸡汤是为了激励你，指引你。

而现在的毒鸡汤则是想要去打击你，调侃你。

过去，人们当然推崇前者；但现在，我们普遍喜欢后者。

我们不但喜欢戳破那些心灵鸡汤，在鸡汤中挑骨头，还喜欢像自虐狂一样，到处去寻找、主动去传播那些更尖酸、更刻薄、更残酷的格言。

可为什么鸡汤不再吸引人了呢？难道我们不需要成功，用不着幸福了吗？

当然不是。标准答案是且当然是：时代变了。

与以往关注"个体养成"的励志类畅销书不同，从2012年这个传说中的地球末日年开始，人们的阅读偏好悄悄发生了改变。从《失控》到《黑天鹅》，从

《反脆弱》到《爆裂》，等等。这些雄踞阅读和推荐榜榜首的书籍，无一不是在传递同一个主题：**如何认识和面对确定性的丧失。**

这个主题背后，是深深的焦虑。

充满挫败的现实经验，让人们不再相信"爱的力量"，不再相信"梦想会成真"，不再相信"人能做自己的主人"，不再相信正面思考的力量。所以，人们开始嘲弄心灵鸡汤，回避成功励志——就好比在一辆长远来说不知会开往何处、短期来看却又早已失控的大巴上，不会有人想要从乘客晋升成司机去掌控大巴的方向盘。你说你想下车？不好意思，下不了，因为这辆载着我们所有人的巴士，叫作时代。

我们失去了"对时代的操控"。

或许有人以为，理论上，随着时代进步，人类对世界的操控力应该越来越强。从整体层面来讲，这个趋势没错。科技与社会的进步，为人赋能，极大提升了我们的"主观能动性"。但放到每个个人身上呢？在过去，如果你是农夫，一分耕耘，就有一分收获，你的付出跟成果之间有很直接的因果关系。这是正能量的逻辑。但今天，绝大多数的职场人士都是在公司或组织里，当一颗小小的螺丝钉。甚至就算你是农夫，恐怕也只是某个村庄、某个农业协会或整个农业体系中的小小一员。你勤奋，未必能让你的作物长势良好，因为这取决于你所能接触到的土壤、能分配到的种子、能买到的肥料。而即便农作物长势良好，你也未必真能从中获利，因为这取决于农业市场的需求、渠道推广的动力，以及其他各个环节上各种不确定的因素。**这时，付出跟收获间的因果关系，会变得越来越间接。这种间接，让我们失去了对时代的操控。**

2013年,《少年派的奇幻漂流》在奥斯卡上满载而归,但其幕后功臣——电影特效制作公司R&H,却因债台高筑申请破产。电影卖座,幕后功臣却扛不住金融风暴余波,探索科技与艺术边界的努力换来的却是破产的结果。如果说这种行业悲剧令人扼腕,那行业中个人的无力感则更令人齿寒。

在公司致导演李安的一封公开信里,我们可以窥见这个外表光鲜的行业不为人知的艰辛一隅。信中写道:"《少年派》的特效需要无数艺术家投入数百小时的雕琢,需要现场助理与制片卖命工作,来回协调,将拍摄场景与动画特效衔接好。更不用说还得有工程师写出长串程序,并建立起整部电影的制作流程……"为了《少年派》,公司成立了研发部门,其中三分之一是物理学家。这也意味着一个美国名校的物理学博士在这里的工作,很可能只是为了让电影里某个瞬间的海浪看起来更真实,为了让男主角抚摸老虎时指缝里露出的鬃毛看起来更自然。

特效师这种看似光鲜的职业,有着艺术家和科学家的双重光环,可是他们却很难在伟大的成果和个人的努力之间建立情感关联。说直白点就是:公司成就很大,个人成就感极低。而最可怕的是,越是顶级的特效师,失业后越可能找不到工作。理由很简单:精细分工下的专业技能的可迁移性太差。试问一个专门做"海浪营造与渲染"的特效师,离开这个行业还能做什么?当世界的变化严重威胁着我们的成就感与安全感时,所有鼓励你上进的"正能量"就会显得面目可疑,甚至面目可憎。

今天,网络上的年轻人都在忙着说自己是"屌丝",年纪大一点儿的就说自己是弱势群体。你肯定能理解这种感觉——不管家庭是否幸福、事业是否成功、当下是否快乐，总觉得自己渺小，无比渺小。我们都看得到时代的方向盘就在那里，可是却碰不到。而即便碰到了，我们也不相信自己能改变得了时代这辆大车的方向。

当然，你也别误会，焦虑感笼罩下的人们，不会因此就不工作、不努力、不付出……至少，不全是这样。我们只是不再确信努力的价值，并且厌恶那些鼓吹成功的嘴脸。

TIPS：

小学问：焦虑感的来源，在于付出跟收获之间的因果关系变得越来越间接。这种间接，增强了不确定性，让我们失去了对时代的操控感。

第三节
别慌,歌德的青春也迷茫!

很多人以为,迷茫、颓废、作是属于我们这一代年轻人的专利。但你是否知道,这种青春期特有的迷茫现象,在200多年前也曾以一种特殊的方式盛极一时呢?

《浮士德》的作者——大文豪歌德在25岁时写过一部令自己名声大噪的小说,叫《少年维特的烦恼》。这部小说的情节,现在看来十分简单:

一个年轻人,来到某个大城市"漂",没有目标,四处游荡,假装艺术家。在舞会上喜欢了一个女生,但人家有男朋友;在公务机关工作了一阵子,感觉教条约束下升职无望;平时就对贵族与官僚看不顺眼,但也没有办法;虚耗了好一阵子,回到熟悉的城市,发现当初心爱的女生已结婚……最后,这位迷茫的年轻人,选择了自杀。

是不是"作"爆了？的确，1774年这部小说出版后，立即引起了巨大的争议。批评家们认为，主人公的形象实在太糟，既没有值得学习的优点，也无法提供任何启示。在某些城市，这本小说甚至成了禁书，可见那个年代的人对负能量的容忍度之低。而向来"伟光正"的教会，自然对歌德口诛笔伐。歌德反驳：人必须写出自己心中的痛苦。为什么这么说呢？因为这本小说其实算歌德的半本自传。

歌德年轻时和少年维特一样，被公务机关教条束缚，厌恶自己在法律行业的严肃工作，也厌恶权贵。他的确爱上过一位已经订婚的女士，名字和书中的女主角一模一样，叫夏洛特。失恋后，歌德迅速以书信体的方式写下了《少年维特的烦恼》。与其说他这是进行文学创作，不如说他是真的在给一个或许存在也或许不存在的人物写信——目的只是写下自己心中的痛苦。歌德说，正是这段时间的写作，给了他情绪的出口，从而让自己的命运可以有别于小说主角维特那般陨落。小说不仅写出了歌德的痛苦，显然也写出了当时诸多年轻人的痛苦，因而获得了读者的热烈喜爱。25岁的歌德一夜成名。维特更是成了年轻人的精神偶像，就连维特在故事中所穿的黄马甲都受到众人的模仿，成了爆款单品。一本小说的成功，从来不是简单的流行，背后总有一些值得关注的社会现象。或许不论哪个年代，过去还是现在，不论是谁，大文豪歌德还是小奇葩邱晨，年轻时多多少少都会经历些迷茫的时光。

为什么我们小时候不迷茫，偏偏在精力最充沛、前景最远大的青春时期最容易迷茫？**这是因为，年轻人所必须经历的心理发育恰恰需要某种程度的迷茫才能够完成。**

问你一个问题，你能回忆起自己童年时代与青年时代之间的分界点吗？

或许是一个瞬间，或许是一件小事，不管是哪种，你都会有一种"无忧无虑的岁月离我而去"的感觉。这种无忧无虑，并不是说没有任何负面情绪的"傻乐"——你还是会为没吃到雪糕或错过动画片而号哭，而是指你对社会既有价值观没有质疑，你希望、并以为自己未来一定会成为一个当下社会认可的成年人。所以，我们每个人小时候都可能会遵循"做一个对社会有用的人"的价值观，希望以后当个科学家，或者消防员。

孩童时期，我们对于既有社会价值观的积极态度是使我们从自然人成长为社会人的必要前提。所有社会性动物都有这样的本能。所以你很少见到小孩就迷茫的，他们也许会调皮，会不听话，但这可能是为了获得关注，跟年轻人的迷茫完全不一样，因为孩童并没有挑战既定社会价值观的自觉意识。可是，这种童年时期的本能如果一直延续下去，就会有一个很可怕的后果，那就是整个社会的开放性大大降低。极端些讲，我们会变成一个像大猩猩那样服从权威，秩序井然，却没有变化和发展的动物种群。所以在青春期，**我们必须经历一次"精神上的呕吐"**，把那些过去不假思索接受下来的价值观当成可疑的东西加以排斥，而这种精神呕吐的结果，就是迷茫。

那你可能还是奇怪：按理说，每一代的年轻人都会经历一个迷茫阶段，为什么这种青春期迷茫的现象就算追溯到歌德，也只是近代的事？

的确，不是每个时代的年轻人都会迷茫。因为不是每个时代都需要"迷茫"所带来的质疑、反思和开放。在人类历史上的很多时期里，僵化、封闭等相对保守的特质曾承担过族群保护伞的功用，我们如今所推崇的"开放性"在很多时候会给社群带来致命的打击。

进化心理学认为，人格开放性的高低与所处的人类社群的早期文化交流有关。开放性高的群体对外来的人和文化更加包容，能获得更多的资源与技术，但同时也更容易受到外来疾病的入侵。而开放性低的群体则更能维护自己群体的安全，但是也比较难取得文化和技术的发展。有一项统计了70多个国家历史上传染病严重程度的大型研究表明，那些受到疟疾、血吸虫、肺结核、登革热等严重传染病威胁程度较高的地区，人们的开放性较低，也就是非常保守、十分守序，很不"迷茫"。同样，使用数学方法去模拟不同疾病感染率下的人格演化过程，也证明了当疾病感染率高时，开放性高的人在人群中的比例会逐代下降。因为这些社会必须主动压缩开放性，才能自保。也正因如此，青春期特有的迷茫到了技术和社会制度都得到长足发展的"今天"，才能成为一个普遍现象。迷茫的流行意味着我们的社会具备了承担风险的能力，我们的年轻人也做好了身心准备，去成为更灵活、更开放、更具可能性的个体。

反过来说，年轻人如果不迷茫，社会便会逐渐丧失活力。历史上就有这方面的教材，而且并不远。20世纪40年代，美国人对战火越来越恐惧，不仅开始羡慕威权，也对美国青年一直以来的迷茫和颓废开始了抨击。曾写过《夏洛特的网》的美国作家怀特（E. B. White）就曾吐槽，说有美国同胞居然对他讲："纪录片里那些年轻的德国士兵，脸蛋多么俊朗、神情多么坚定、态度多么积极！而我们美国的年轻人，只知道整天看电影玩音乐，简直一塌糊涂。"怀特认为，这种言论简直耸人听闻，年轻人如果没有迷茫、探索和叛逆的权利，那么"稳步进军的独裁者，将会在我国海岸所向披靡"。

总之，迷茫也许看起来很糟，甚至会让"某些人"觉得不舒服，但从社会角度来说，它是我们对抗认知闭合、保持文化开放性的重要力量。从个人角度说，青春时期的烦恼和迷茫，是心理发育的必经阶段。经过儿童期的建构、青春期的解构，我们才能在更高的层次上重新形成价值观，成为平衡开放性与保守性的社会人。

TIPS：

小学问：迷茫是一种"精神呕吐"，它帮我们把那些过去不假思索接受下来的价值观都加以质疑和排斥，如此我们才有可能成为更灵活、开放的个体。

第四节
人为什么必须快乐？

经常苦着脸的人一定会时常被人问起——为什么你就是没法快乐？

不管是否开口回应，这类人心底一定有另一个问题，那就是：我为什么一定要快乐？很多人以为，不快乐一定是因为有什么糟糕的事发生。但真正的不快乐是对享乐本身都提不起精神，觉得快乐本身也没什么意思。

是的，在一定程度上，"快乐"本身的确没什么大不了的。

哲学界有个很经典的问题：你到底是愿意做一个痛苦的哲学家，还是愿意做一只快乐的猪。对此，英国哲学家约翰·穆勒（John Stuart Mill）给出的答案是做痛苦的哲学家。因为哲学家所拥有的全面、深入的思考能力，其本身就是一种更高级、更透彻的愉悦，比起猪的混吃等死，不知要高到哪里去了。在这里，穆勒提出了一个重要观念，那就是幸福是有不同层级的。在这些层级里，猪能得到的那种动物性的"快乐"级别很低，不要也罢。

哲学家不待见快乐，科学家也不遑多让。1993年，加拿大麦吉尔大学的两位年轻学者在实验中发现，某只实验鼠似乎很"喜欢"被电击大脑中的特定区域。他们认为这很有可能就是产生快乐的区域。他们把实验鼠转移到一个叫"斯金纳箱"的箱子中，里面有一个杠杆，按压杠杆可以触发实验鼠脑中植入的电极片放电。然后，他们观察到了神奇的一幕——有的老鼠会一直按压杠杆而忘记进食，还有母鼠因为按压杠杆而将刚出生不久的小鼠遗忘在一旁，甚至有老鼠会快速按压杠杆直至死亡。后来，他们把杠杆放到了一张平铺的电网两边，让实验鼠必须在通电的电网上跑来跑去才能压按杠杆，结果，实验鼠宁愿爪子烧焦也要继续在电网上跑来跑去……

科学家看似发现了动物大脑的"快乐中枢"，但是，什么样的"极乐"才能让实验鼠愿意忍受爪子被烧焦的痛苦和冒丧失生命的危险呢？研究者无法回答这个问题。后来科学家发现，让实验鼠"欲罢不能"的这块大脑区域，并非"快乐"的源泉，而是"奖励中枢"。奖励中枢的激活和一种叫作多巴胺的物质有关。这种物质也成为了人们最早关注的"快乐物质"。但2001年，斯坦福大学神经科学家布莱恩·克努森（Brian Knutson）指出，多巴胺会促使人们对快乐产生"期待"，并积极行动起来争取快乐，但多巴胺并不能直接让人感觉到快乐。

也许你会问，这有啥区别？

打个比方，公司颁布了一项规则，说会给工作努力表现优异的员工发奖金，于是你便对这奖励产生了"期待"，积极工作、早出晚归，企图争取到这份奖励。但在这个过程中，你并没有真的得到奖励，鼓励你辛勤工作的，是你对奖励的"期待"。此时你快乐吗？很难说，因为你的奖励还未真正实现。但是，也很难说你不快乐，毕竟你"预期"会得到这份奖励。

在这个例子里，如果把奖金换成类似"梦想""期权""财富自由"等更遥远的事物，然后鼓励你加班熬夜——你会不会感觉自己和那只在爪子烧焦了也要跑来跑去的实验鼠有点儿像？利用人脑奖励中枢来驱动行为的"制度"设计比比皆是，大到期权奖金，小到让你刷手机刷个不停的社交媒体和游戏，都是通过制造"期待"，忽悠你"积极行动、争取奖励"的机制。

当哲学家质疑快乐时，你感觉快乐的确没什么了不起。而当科学家破解了快乐时，你会发现你以为的快乐，比方说有前景的工作、能放松的娱乐、正能量的话语等等，压根不是快乐，只是对快乐的"期待"罢了。

所以，我们老老实实地不快乐就对了吗？

当然不是。理解快乐的本质，才能让我们不被"人必须快乐"的追求所绑架。

古典哲学早就对什么是人应该拥有的"好的生活"进行了辨析——追求快乐还是追求意义，一直是不同人生观的选择。**观点大致分为两个阵营：享乐主义和德性论。**享乐主义的思想源于古希腊昔勒尼学派的亚里斯提卜（Aristippos），他认为人生的目的就是体验最大程度的快乐，人生的幸福就是一个人所有时刻快乐的总和。英国哲学家托马斯·霍布斯（Thomas Hobbes）也认为，幸福就是一个人所有的欲望都能得到满足。在现代心理学中，持类似观点的人认为，幸福就是一个人积极情感体验的总和减去消极情感的总和所得到的差值。简单说来，就是快乐的体验比不快乐要多。而德性论者对幸福的定义要更加复杂，他们认为，享乐主义是动物趋利避害的本能，就像快乐的猪那样。

而人类的幸福，应该是超出这种本能的、更高级的心理机能。心理学家理查德·瑞安（Richard Ryan）和爱德华·德西（Edward Deci）在这一基础上，提出人类幸福的三种基本需要：

1. 胜任的需要，即我是否有足够的能力；（Competence）
2. 关系的需要，我是否被他人接纳和认可；（Relatedness）
3. 自主性的需要，我能在多大程度上选择自己的生活。（Autonomy）

由此你会发现，享乐主义的幸福很容易达到，只需要满足奖励中枢对自己的召唤，看电影、玩游戏、买买买……达到一种积极体验和消极体验平衡的状态就可以了。而德性论者的幸福却很难获得——一个人必须牺牲眼下的愉悦，不断而持续地自我建构和成长，不断挑战困难，付出艰辛的努力。

前面我们提过，年轻人总是难免有迷茫沮丧的人生阶段，看什么都不顺眼，做什么都不来劲儿。这是一个人心理发育的必经阶段，也对社会在整体上保持灵活和开放有好处。而现在我们应该也明白这种迷茫是怎么来的了：**当一个人已经不满足廉价、肤浅的快乐，但又尚不足以证明自己的能力、无法获得他人的认可、不知如何选择自己的生活时，就会感受到巨大的矛盾和焦虑。**在自我探索的过程中出现极其负面的情绪是很正常的现象，因为这种自我认知的痛苦正是我们不满足于浅层的快感、转而追求高层次的意义感所必须承受的代价。

那么，意义感这么难以获得，是否还值得探索？

答案是肯定的，为什么？我们还是回到最开始穆勒的那个回答。

穆勒没有说出的一点是，**当你真正意识到肤浅的快乐不值得刻意追求时，**

就算你有意识地想回到傻呵呵、混吃等死穷开心的生活，事实上也是做不到的。因为心智的成长没有回头路，成人能理解儿童，但成人变不回儿童。所以，不要以为廉价的快乐可以填充心灵的空虚，因为丧真正指向的，是去重建更高层级的意义。

TIPS：

小学问："丧"所对应的并不是"不丧"，而是廉价的快乐。后者固然可以暂时舒缓焦虑，但前者却能稳定地填充心灵空虚，帮助你重建更高层次的意义感。

第五节
消极不一定是坏事

你是不是羡慕那些永远积极的人？羡慕他们乐观自信、笑容满面的生活态度？你是不是难以拒绝家人朋友的关心和祝福，认为自己就算做不了运气爆棚的喜羊羊，也应该做一只永不放弃、积极向上的灰太狼？

不必羡慕，也不必愧疚，其实负面情绪也有积极意义。

不信？不如先想一想，人类有多少种情绪？

中国古代有七情六欲的说法，七情包括喜、怒、忧、思、悲、恐、惊。只有"喜"是积极的情绪，剩下六种都是消极的。现代心理学认为，人的基本情绪，有愉悦、恐惧、愤怒、悲伤、惊奇、厌恶，除了愉悦和惊奇，其他四种都是十足的消极体验。

我们对于不同消极情绪的分辨能力要远远强于积极情绪，所以才会有那么多形容词来描述不同类型的消极。要知道，在生物进化过程中，如果一件事本身对生物的生存或繁衍有危害，是很难保留下来的。如果感知负面情绪的能力真的像大家所认知的那样弊大于利，为什么可以保留至今？**负面情绪对我们的生存有着非常重要的作用，每一种负面情绪都具有独特的进化意义。**

比如恐惧。恐惧可以让我们远离危险，提高个人乃至族群的生存概率。不妨想象一下，如果远古时代有一个族群，整体都胆大勇敢、不畏危险，他们可以在漫长的进化历程中取得竞争优势吗？他们可能遇到猛兽不逃跑，见到悬崖不拐弯，什么果子都敢吃，什么天气都出门。于是，他们早早地就死于非命了。反过来，人因为恐惧而远离猛兽毒害，才有机会把基因传递下去。婴儿天生就对类似蛇的物体有恐惧感，这是根植于我们基因中的求生本能。

再比如愤怒。愤怒可以让我们主动出击，消灭威胁。你想想与愤怒有关的俗语，"怒发冲冠""众怒难任""怒从心头起，恶向胆边生"，无一不说明愤怒的力量可以激发我们的潜能，挑战那些我们难以改变的境遇。

排除抑郁症不说，一般的抑郁状态又有什么好处呢？处在抑郁状态的人更容易从悲观的角度思考问题，看上去缺乏活力，并伴随着强烈的自责、内疚、无助，可以说人人都希望避免陷入抑郁的状态。但是1979年的一项研究却让人对抑郁有了新认知。研究者设计了一组特殊的开关和灯泡，打开开关，灯泡可能亮，也可能不亮，但通过开关点亮灯泡的概率是固定的。然后，研究人员请来一群大学生，让他们尝试多次开灯关灯，并评估开关点亮灯泡的概率。研究者原本预测相对抑郁的人可能会估错概率，认为自己很难点亮灯泡。但结果却出人意料，比较抑郁的大学生可以准确估计出自己点亮灯泡的概率，而不那么抑郁的大学生则大大高估了自己。

有很多研究都证明，一般人会有更多的"积极错觉"和自我欺骗。有学者曾做过一个调查，询问实验对象是否认为自己未来会经历失业、生病、车祸、成为罪犯等消极事件，大部分人都给出了否定回答。也就是说，大部分普通人会过于乐观，低估外部风险，高估自己的能力。这也是为什么投资股票的人总觉得自己能押对行情，赌徒总觉得自己下一把一定会得到幸运女神的眷顾，这都是因为他们对于风险失去了感知能力。**而适当的抑郁情绪能帮助我们保持对世界的真实触感，维持我们的认知协调。**所以，在工程界才有一句名言：只有那些悲观的家伙，才会将救生圈放上游艇。

TIPS:

小学问：负面情绪是因为对人类有用，才在进化当中被保留下来的。

6 第六节
丧，也能循环利用变废为宝？

丧为什么能流行？即便它是现代人的普遍症状，如果它有百害而无一利，也不至于成为追捧对象吧。

答案很简单——好笑啊。

每个人都懂：丧能流行，与它所伴生的幽默感紧密相关。

比方说有饮料铺直接把自己命名为丧茶，饮料名也叫什么"减肥失败玛奇朵""当然选择原谅抹茶"——大家争相转发之际，留言一律都是"哈哈哈"。彩虹合唱团的一首《感觉身体被掏空》也让一贯严肃的音乐厅飘出了笑声。各种网络流行"丧"语，就更不必说了。

那为什么丧会传递出幽默感，而不是沮丧感？或者换一个问法，幽默不应该是聪明自信的表现吗？怎么会跟丧挂上钩呢？

想要弄明白这一点，就要先了解幽默是什么。

感觉幽默，或者想笑，有两个源头。一个是我们的大脑发现"压力已经解除"而产生的生理反应。我们在感受危险或压力时，会觉得紧张、焦虑、恐惧，而一旦确认危险解除、压力释放，或至少确认不会对自己造成什么伤害，我们便会轻松释然，并感觉"想笑"。一个婴儿发笑，通常不是因为明白了什么笑话，而是在某种游戏中感到了"刺激"。比方说被轻轻抛起来又马上接住（请勿模仿），失重带来危险，但很快危险解除，婴儿就笑了。又或者，妈妈在婴儿面前躲起来，再忽然现身——小婴儿找不到妈妈会焦虑，但很快焦虑解除，婴儿就笑了。

我们看喜剧片，比方说卓别林、周星驰的电影，主人公无一不是倒霉蛋。只是这个倒霉蛋必须苦尽甘来，或者让大家相信并期待他会苦尽甘来，否则产生代入感的观众无法释放紧张和压力，这就不是喜剧，而是悲剧。

当然，幽默也有另一个源头，那就是优越感，所以聪明自信的人也会显现出幽默。只是这种幽默很难像前一种那样，在大众面前具备感染力。理由也很简单——你的优越感会让别人感到压力无处释放。在日常生活中，以贬损某人或展示缺憾为笑点的段子，要比单纯的"双关语"或者"脑筋急转弯"这样的智力游戏更容易引人发笑，因为前者能释放听众的压力，而后者需要一定的理解能力才能听懂。**所以丧为什么能带来富有感染力的幽默感就很好理解了，有压力是释放压力的前提，同时，你展现你的压力及其释放过程又能解除别人的压力。**

就像一句大家常用来调侃气氛的话："你有什么不开心的，说出来让大家开心一下嘛。"这里面你的不开心是压力，说出来是释放，别人听了开心是别人的压力也得到释放——是不是很完美的一个循环？

说个小故事。美国脱口秀演员路易斯·C.K 是个微胖、秃顶、离异、带俩孩子的中年男人，他都用不着开口，光是看上去就很丧了。而他脱口秀的内容更丧，什么工作不顺利，女儿不听话，科技不会用，社交没人理……总之都是些跟不上这个高速旋转的世界的失败体验。

他做脱口秀时，也不像其他喜剧演员那样声情并茂、动作夸张，他最常见的动作和表情就是侧着头，伸出一只手扶着脑袋，一脸崩溃，简直就是一个活生生的"请允许我做一个悲伤的表情"。然而，路易斯是这些年美国最受欢迎的脱口秀演员，获得了无数大奖，也不断被人模仿，被称为"美国最黑暗又最搞笑的喜剧演员"。他自己还表示，诞生于"糟糕""悲伤""困惑"和"一无所有"这一团乱麻之中的喜剧，才是最好的喜剧。

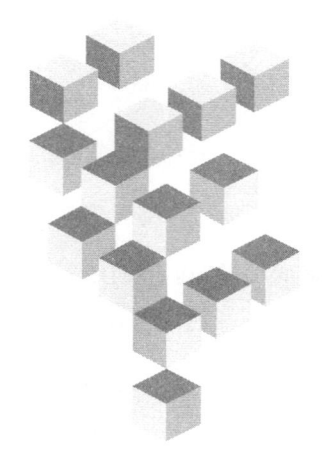

路易斯曾在奥斯卡颁奖典礼上幽默、辛辣又很丧地点评了自己要颁发的最佳纪录短片奖。他说，大部分奥斯卡的奖项，不论最佳男女主角还是最佳服装或特效，获奖者在此前已经过得很好了，都已经是开豪车住豪宅的人生赢家了，拿不拿奖差别不是很大。然而拍摄纪录短片的人，注意，这可是短片，不是长片（路易斯特意拖长并强调），这些人可能一个子儿也赚不到，一辈子也当不了有钱人，拍这玩意唯一能获得的犒赏，就是这奥斯卡奖杯了，然后今晚还只能开着个破车回家，把奖杯放在破公寓里，然后继续焦虑得不行……

台下哄堂大笑，包括被调侃的获奖者也乐坏了。他们不觉得被冒犯，甚至因此而真正释然。要知道在奥斯卡的名利场上，纪录短片的拍摄者本来就是显得格格不入的一群人。他们拍摄的题材不被商业社会和主流媒体重视，他们本人也远离票房、话题和金钱。在星光闪耀的奥斯卡典礼上，他们自己是焦虑的，但他们身上的理想主义气息也给其他人带来一丝焦虑。这场景很像两个少交集却多猜忌的人，在一个过于隆重的场合第一次见面，都觉得"要是对方瞧不起我怎么办"。

这时，有路易斯这样一位喜剧明星直戳这尴尬的事实，恰恰让所有人如释重负，"哦，原来不止我一个人这么想啊""哈，还真是这么一回事，我真庆幸有人帮我说出来了""太好了，不用再假装自己没意识到这事儿了"。而且，路易斯的玩笑还有一个难能可贵的作用，就是用不让主办方尴尬和难堪的方法让人们关注到了电影人的差别待遇问题。要知道，换一个人或换一种说法，这种呼吁随时可能变为谴责甚至声讨。

同样，在日常生活中，那些擅长将自己的失败、沮丧、倒霉以轻松的方式说给周围人听的人，不仅会给人以幽默的印象，还会让人觉得聪明。而且，与一般聪明人的锐气高傲、好为人师相反，有幽默感的人更容易相处。而那些总是不愿意释放压力的人，他们不愿意展现弱点，也开不起玩笑，总是紧绷着，就会显得"没有幽默感"，难以相处。

林语堂说，人之智慧已启，对付各种问题之外，尚有余力，从容出之，遂有幽默——或者一旦聪明起来，对人之智慧本身发生疑惑，处处发见人类的愚笨、矛盾、偏执、自大，幽默也就跟着出现。

所以，不仅丧是幽默感的催化剂，幽默感也能成为丧最好的包装。

丧不仅"无害"，甚至也可以是有趣。

TIPS：

小学问：**最有感染力的幽默，是展示你无伤大雅的丧。**

第七节
悲观是软肋还是铠甲？

你想必经常遇到这样的人：上学时，每次考完试，这些人总会一脸愁容，大声抱怨"完了完了，这次又考砸了""我之前没怎么复习""状态不好，可能会挂"，可是出成绩时，他们却名列前茅；到了体育比赛，这些人会先说"啊，我今天不太舒服，腰酸背痛的"，然后一马当先跑在最前面；工作了，这些人会叹气"完了，这次加薪无望了"，然后第一个晋升的，就是他……

你说他是谦虚吧，好像有点儿谦虚得太过分了，显得虚伪。你说他是虚伪，是放烟雾弹让其他竞争对手放松警惕吧，他又会觉得委屈——换作是你自己，有几次考前赛前会"真心"觉得自己棒呆了一定能赢？哪次不也是满满的焦虑和不确定？那么，究竟是什么原因让这些人显得"虚伪做作"呢？这里面的心理机制，就是"防御性悲观"。

要了解什么是防御性悲观，就得先了解人为什么会对自己感到满意。

黄执中在世新大学时，曾跟附近一所小学合作了一个实验。他请每个小学生拿乒乓球拍颠球，看能让球颠几下不落地。但在做这个动作前，同学们要先在一张纸片上写下自己预计能做到的次数，然后再颠球。有些同学颠完球回到教室就连声抱怨，说自己发挥失常，对自己很不满意。也有同学兴高采烈，觉得自己成绩不错。但有趣的是，那些抱怨自己没发挥好的孩子往往是成绩较好的，只是在他们的认知中，自己可以做得更好。例如，有个孩子颠了50多下，是所有人里成绩最好的，可他在纸条上写的是自己可以颠100下，所以结果出来后他反而最不开心。相反，最开心的反倒是一个只颠了5下的孩子，因为他从来没玩过这个游戏，在纸条上写了个0。

可见，人的情绪往往不是由客观的结果好坏决定的。是否高于预期才是关键。如果结果高于预期，就会开心，反之就会沮丧。而人们或有意识或无意识地反向利用这一规律，就是所谓的"防御性悲观"，即通过主动降低自己的心理期待，如几乎没温习、没有发挥好、身体不太舒服等，将对结果的预期降低，这样即使真的结果不好，自己的情绪也不会太受打击，如果结果高于预期，就能获得更积极的情感体验。

你现在知道为什么在我们身边存在着那么多有着"防御性悲观"的人了吧？他们未必是在放烟雾弹迷惑你，他们可能只是太焦虑了，必须放点儿烟雾弹迷惑自己。

那防御性悲观和悲观有什么区别？乐观是"确定"结果会好，悲观是"确定"结果不会好，而防御性悲观是认为事情的结果"很有可能"会不好，并采取防范性措施，如降低预期。所以，悲观者会倾向于不去尝试任何事，但拥有防御性悲观的人，则是在尝试前不做过高的预期，在尝试时做最坏的打算。这类人并不像悲观的人那样消极懈怠，甚至比乐观的人更加勤勉，因为相比于成功带来的激励，恐惧失败是一种更加强大的动力，防御性悲观者会加倍努力来避免失败。这也就是为什么那些"声称"自己准备并不充分、考试或比赛"死定了"的人，反而准备得最充分。他们"未必"是刻意撒谎，而只是防御性悲观；他们"未必"都是虚伪做作的贱人——再强调一遍，是未必，他们只是对失败更敏感，对自己的能力评估得更保守罢了。**而我们提防他们，猜测他们虚伪、狡诈、扮猪吃老虎，通过"示弱"来麻痹周围的人，以让自己取得竞争优势——我们的提防和猜测，难道不也是一种防御性悲观吗？**

过往我们总认为，乐观可以对抗焦虑。天塌了，有高个儿顶着不用怕；坏事发生了，我们会迫使自己想，天无绝人之路，船到桥头自然直；可疑的人出现了，我们会对自己说，或许他人不坏，要相信世上还是好人多……近代心理学研究却发现，用乐观来对抗焦虑，其实效果并不好。现实充满不确定性，"相信未来会更好"不仅无济于事，更会让人放松警惕，随时掉入失败体验当中。反而是防御性悲观，可以让我们在保持动力的同时，也感到相对放松。

所以到了今天，有些时候我们要劝一个人看开点，跟他说"放心，天无绝人之路，风雨的尽头总会有彩虹"是没用的——一方面他不信，另一方面他真的信了也未必对他自己好。我们不如反过来讲："放心，现在这点儿困难算什么，以后只有更惨呢！"

当然，防御性悲观告诉我们，防御性悲观自身也并不全然是一件好事。过于依赖"防御性悲观"，有可能会导致"自我设限"行为。

我们在生活中经常听到这样的论调："我是没认真，我要是认真起来一定能做好。"如果让你做一套测验，但提前告诉你这个测验会真实地测出你的智商，你很可能会用胡乱作答的方式来逃避评价。而如果告诉你，这只是一个游戏，结果代表不了什么，你反而会认真作答。如果我们预期一件事情自己十有八九做不好，我们宁愿是自己的"意愿"出了问题，而不是"能力"。于是，很多人会设置一系列障碍，阻止自己完成目标，最终"如愿以偿"地失败。这就是"自我设限"行为，因为害怕做不好，所以干脆不认真做，甚至不做。它的出发点和防御性悲观是一致的，都是为了维护自己积极的情绪体验，而降低预期。

那如何避免自我设限呢？

一个真正的防御性悲观者，可能会预期到"自我设限"会成为我们真正的敌人，从而避免使用这个借口。而这才是与悲观为伍，抵御真正的悲伤。

TIPS：

小学问：防御性悲观是认为事情的结果"很有可能"会不好，并调整方向，或降低预期。

第八节
怎样避免成为"三无青年"?

准备好接受一轮暴击。

1.你是不是觉得自己做不好任何事?羞于启齿谈"我有一个梦想",一开始以"咸鱼"自嘲,后来成了自称。你并不是没有向往,但渐渐地,对天上掉馅饼的期待都高于自己能改变命运——总之,你觉得无助、无力。

2.你是不是对什么事儿都提不起兴趣?电视早就不看了,即便偶尔看看也是不停地换台。当然也不看书。手机里 App 满满装了四五屏,三分之二只打开过一次。网络视频已经短到 5 分钟、2 分钟、30 秒……你都依然等不及它结束那一刻就要点"下一条"。总之,你觉得无聊透顶。

3.你是不是觉得自己每天都在白忙和瞎忙?劳碌了一天,毫无成就感。你觉得自己和目标之间的距离并没有一丝一毫的改变。掌心空无一物,内心也是。总之,感觉自己碌碌无为。

如果你的确如上所述,时常感觉到无聊、无助、碌碌无为,恭喜你,你是新时代的"三无青年"。这"三无",和无房、无车、无存款一起构成焦虑感的最大来源。只是房子、车子和存款,就像面包一样,多努点儿力,总会有的。但无聊、无助、碌碌无为感,什么收入水准、什么社会阶层的人都难摆脱干净。可总得摆脱一点儿,才能愉快地生活下去。

首先,对付无助。

如果你曾经笃定地相信"只要努力就会成功",然后在努力之后却没有得到一毛钱的成功,你打过的鸡血就会化作一口老血,从你的胸口喷出。但别以为只有挫败才会让人无助。心理学家曾做过一个实验,他们把一个养老院的老人分成两组,其中一组得到事无巨细的照料,从吃喝拉撒,到看戏、散步、接待访客,都被安排得妥妥当当的。另一组则被告知"让生活丰富多彩是自己的责任""过什么样的晚年生活是自己的选择",然后,院方会尽量协助和配合老人去实现他们的想法——虽然大致也是吃喝拉撒、看戏、散步、接待访客。三周后,前一组被照顾得事无巨细的老人身体健康出现了一定程度的恶化,而后一组要"自己想办法"的人,精神和身体状况却出现了好转。

其实,老人对自己生活的掌控力是一定会越来越弱的,毕竟生命走向衰老甚至消逝的命运无法改变。但在这个实验中,第二组老人在院方的配合下会产生一种"感觉","感觉"自己似乎能控制自己的生活。这便是次级控制感。

传统意义上的控制感,是一个人可以改造客观世界以适应自己的需要,而次级控制感则是"以为自己能改造客观世界"的"感觉"。这种感觉往往来自一些与命运无关的小事,这些小事很容易做,而做好后能产生一种自己能掌控自己生活的"感觉",比如把笔记整理得清清楚楚、记得每天都给家里打电话、写日记、种好一盆花、养好一只宠物……

其次，对付无聊。

在我们通过那些"小事"来抵御无助时，要小心一种情况，就是被琐事缠绕，感到无趣和无聊。人类的大脑1秒钟最多能处理60比特的信息，这也是我们大脑的注意力上限，也称注意力"带宽"。大多数情况下，这个带宽都被一些无关紧要的事情瓜分了，比方说邻居家熊孩子在哭、昨天晚上和男朋友吵的架该如何收场、明天见客户要穿什么衣服、手机里蹦出17条信息和28条推送都是些啥……这些"后台应用"会导致你的系统在处理正常的工作时出现卡顿，产生不流畅的感觉。这种感觉，就是无聊。所以，无聊并不是外界事物的客观属性，而是我们自己产生的主观感觉。就好比一本书即便再有趣，如果你看书时一直被打扰和分心，十有八九会觉得这本书没什么意思。

"沉浸"是感觉有趣的前提，也是一种取悦自己的能力，只有沉浸，才"有可能获得"源源不断的积极情感体验。黄执中沉浸于辩论，胡渐彪沉浸于健身，周玄毅沉浸于自己的脑洞……辩论有趣吗？很多人不这么认为。健身和脑洞就更不用说了。所以，他们并不是因为事情本身有趣才沉浸于此，他们是因为机缘巧合沉浸于此事，才认识到事情的趣味。

最后，对付碌碌无为。

沉浸是好事，但也要挑对的事来沉浸，不然醒来就是满满的空虚。打游戏就是这样。而有时"沉迷"工作也不是什么好事。有研究就发现，如果把人们的薪水发放方式改成"计时"或"计件"，人们的确会更有动力投入当下的工作。但一段时间后，人们会比原先更觉得自己一事无成。原因是当注意力被牢牢锁定在眼下事务时，人们会忽略长远规划。忙碌的人会紧盯那些眼下最着急的事，这些事会不断地挤占自己学习和规划的时间，造成实际工作效率的下降。没钱的人会拼了全力去做来钱快但没前途的事，甚至去借高利贷，造成更大的损失。在这种模式下，穷人永远捉襟见肘，而忙碌的人永远疲于奔命。

那些会吸走你的注意力却不会给你带来价值感的事物有一些共性。它们"看似"不会占据多少时间，比方说看一篇公众号文章，它们的反馈都很及时；比方说打一局手机游戏对战，赢了立刻加分晋级，它们都很容易产生连续性；比方说一段网络视频，看完一段立刻推给你下一段……

避开这些注意力陷阱，给自己一个沉浸于有价值感的事物的机会，或许，也只是或许，才能让你自己不沦为一个三无青年。

TIPS：

小学问：要摆脱无助、无聊、碌碌无为的状态，请建立次级控制感、重建沉浸体验，当然，还要选择有价值的事物沉浸。